浪花朵朵

跟着科学家去探险

我在海底"爬山"

唐立梅　云飞扬◎著

周昕瞳◎绘

浙江教育出版社·杭州

图书在版编目（ＣＩＰ）数据

跟着科学家去探险：我在海底"爬山"/唐立梅，
云飞扬著；周昕瞳绘. -- 杭州：浙江教育出版社，
2025. 7. -- ISBN 978-7-5722-9961-2

Ⅰ. P72-49

中国国家版本馆CIP数据核字第20255K8H05号

本书中文简体版权归属于银杏树下（上海）图书有限责任公司

跟着科学家去探险：我在海底"爬山"

GENZHE KEXUEJIA QU TANXIAN: WO ZAI HAIDI "PA SHAN"

唐立梅　云飞扬　著　周昕瞳　绘

选题策划：北京浪花朵朵文化传播有限公司　　　　出版统筹：吴兴元
责任编辑：王方家　　　　　　　　　　　　　　　特约编辑：李　希
美术编辑：韩　波　　　　　　　　　　　　　　　责任校对：姚　璐
责任印务：陈　沁　　　　　　　　　　　　　　　封面设计：墨白空间·闫献龙
营销推广：ONEBOOK
出版发行：浙江教育出版社（杭州市环城北路177号　电话：0571-88909724）
印刷装订：雅迪云印（天津）科技有限公司
开本：710mm×1000mm 1/16　　　　印张：10　　　　字数：90 000
版次：2025年7月第1版　　　　　　印次：2025年7月第1次印刷
标准书号：ISBN 978-7-5722-9961-2
定价：45.00元

官方微博：@浪花朵朵童书
读者服务：editor@hinabook.com 188-1142-1266
投稿服务：onebook@hinabook.com 133-6631-2326
直销服务：buy@hinabook.com 133-6657-3072

人生不设限，勇于探索，无畏前行。

——唐立梅

目 录

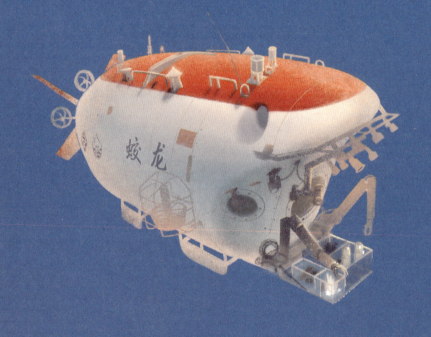

第一章

甲板上的出征

西太平洋收起以往狂风怒号、波涛汹涌的模样，难得呈现出风平浪静的一面。天色尚早，天空略带了些水墨画的灰白色，云朵如峰峦般聚起，层层叠叠，美不胜收。天气不错，天气预报说一整天都没有雨，风力不超过2级。

　　"向阳红09"号母船①抵达这片海域已经5天。在茫茫无垠的海面上，这艘4500吨级远洋科学考察船也如同沧海一粟。它之所以选定停留在这里，是因为几千米之下的海底就是西太

_____

① 母船是装着较小船舶或驳船、完成主要的远洋航行航段的船舶。对于深潜器"蛟龙"号来说，它无法独自出海，需要一艘母船为它提供日常维护、下潜准备的场所；这艘母船也相当于一个海上科研基地，是潜航员和科学家生活和工作的地方。

平洋中国富钴结壳勘探矿区。

"富钴结壳"这个名词听起来好像有点怪怪的，事实上它是一种非常重要的海底矿藏资源。我们中国大洋第 31 航次科考队自起航已在大海上航行近 3 个月，一个重要目的就是调查包含富钴结壳在内的几种深海矿藏。

2013 年 9 月 7 日，我国第一台载人深潜器"蛟龙"号即将执行自它诞生以来的第 72 次下潜任务。这是"蛟龙"号抵达西太平洋海域以来第 4 次下潜，也是它第 31 航次第三个航段最后一次有科学家参与的科学应用下潜。

尽管每次下潜只有 3 个人搭乘"蛟龙"号执行深潜任务，但每次任务都离不开深潜器的维护团队和指挥团队的通力协作，毕竟驾驶深潜器不像开一辆汽车那么简单。因此，"向阳红 09"号的甲板上一大早就热闹起来，深潜器维护团队和指挥团队在各自岗位上做着最后一遍检查，那些没有任务的船员和科考队员也早早来到这里，为我们壮行和祝福。

7 点 30 分，随着总指挥刘峰"各就各位"的号令声响起，"向阳红 09"号母船的后甲板上安静了下来，我所熟悉的队友们站在晨光中，等待着下一个指令。从他们身边经过时，我仿佛能听见每个人热烈而兴奋的心跳声。

此次随"蛟龙"号出征的是我和叶聪、傅文韬，他们的名字早已随"蛟龙"号响彻大江南北。因为他们驾驶"蛟龙"号出入深海，让科学家们的深海科考成为现实，很多人都亲切地称他们为"深海的哥"，他们是中国载人深潜史上当之无愧的大英雄。

叶聪是"蛟龙"号的主任设计师、首席潜航员。他既是造"蛟龙"号的人，又是驾驶"蛟龙"号的人，对"蛟龙"号的一切了如指掌。2009年"蛟龙"号诞生后第一次海试的潜航员就是他。早在见到叶聪本人之前，我就听说他是那种特别笃定、稳健的人。见到他时，我才知传言不虚。或许是因为多次出入深海，他仿佛就是大海之子，有一种广阔而深沉的气质。他自己也曾开玩笑地说："我觉得自己成了海底动物中一个新的物种。"

傅文韬是中国第一代职业潜航员，也已出入深海数十次，经验十分丰富。潜航员是世界上从业人员最少的职业之一，比航天员都要少得多。这份特殊职业的磨砺让傅文韬年轻的脸上写满了沉稳——遇事不会慌，更不会将惊慌挂在脸上。在深海，潜航员沉稳的心理素质是下潜人员生命安全和深潜器安全的最有力保障。

这是我人生中第一次深潜，也是我从事海洋地质研究以来第一次去深海跑野外（地质工作者把做野外勘探的工作称为跑野外，见面时经常会问："你跑野外才回来吗？"）。机会难得，并不是每个国家的地质工作者都能去深海跑野外，这让我充满了自豪。

当今世界除了中国之外，只有美国、俄罗斯、法国、日本拥有载人深潜器。"蛟龙"号载人深潜器于2002年立项，2007年完成组装，2009年开始投入海试工作，2013年才迎来了它的首轮科考，而且仍属于边科考边检验性能的阶段，因此我们这次科考航次属于试验性应用航次阶段。[①]"蛟龙"号空间有限，三个座位中有两个是给潜航员的，只能搭载一名科学家，深潜席位一票难求！

"蛟龙"号的布放回收系统高高耸立在母船后甲板上，那儿便是"蛟龙"号的家。布放回收系统里最显眼的是一个巨大的红色钢架子，叫作A形架。A形架可以通过主吊缆吊起"蛟龙"号，将它布放到海面上，也可以从海面上回收"蛟龙"号。A形架下面，有一层层如同迷宫般纵横交错的舷梯，供工作人员进出"蛟龙"号。

我跟叶聪、傅文韬一起沿着舷梯攀爬到最上面一层，踏上

---

① 2017年，试验性应用航次阶段结束后，"蛟龙"号又进行了维修，从2018年开始进入业务化运行。在业务化运行期间，每个潜次就只需要一名潜航员，可以有两名科学家跟随"蛟龙"号下潜。

一条横梯，走几步便看见下面正等着我们的"蛟龙"号。它停泊在后甲板上，像个熟睡的婴儿。但谁都知道，它其实是蓄势待发的勇士，一旦入水，便生龙活虎，可"下五洋捉鳖"。一想到就要和"蛟龙"号携手向几千米的深海挺进，我不由得心潮澎湃，恨不能给这位特殊的"战友"一个拥抱。

来看看我这位憨憨的"战友"吧！乍一看，"蛟龙"号像是一头鲨鱼，有着胖胖的"头"和"肚子"，后面拖着一条苗条的"尾巴"——这个设计是符合仿生学原理的，有利于减少阻力。"蛟龙"号的大小也跟一头鲨鱼差不多，长8.2米，宽3米，高3.4米，用"蛟龙"号总设计师徐芑南院士[①]的话来说，就是"接近鲨鱼，不过有点胖了"。如果要把它塞进一个房间，这个房间大概需要25平方米。不过，我们住的房子通常高2.8米左右，相比之下，"蛟龙"号长得太高了，实际上是没法"住"进我们的房子里的。

这头"大白鲨"身体滚圆，表面用的是钛合金材料，这是最能抗深海高压又轻巧的材料。前端精心排列着16只眼睛似的灯，共三种：一种是LED灯，一种是卤素汞碘灯，还有一种是

---

① 徐芑南院士是我国深潜器研制领域的奠基人。从2002年开始，他带领国内50多家科研院所精英组成的科研攻关队伍，历经6年，完成了"蛟龙"号的设计、总装建造和水池试验。

高强度护光灯。它们既可以为海底作业提供照明——即使在漆黑的海底，也能确保潜航员看清 15 米以内的情况；也为摄像和照相提供了必需的光照条件（"蛟龙"号上安装了摄像机和照相机）。前端底部是两只仿生机械手，右边的机械手比较灵活，可以实现各种角度的抓握，但力量比较小；左边的机械手力气很大，不过只能完成张开、闭合等简单动作。机械手下方有一个小平台，上面有采样篮，用来存放采集的样品。"蛟龙"号中间是球形载人舱（下潜时，我和两位潜航员就坐在这个舱里）、压

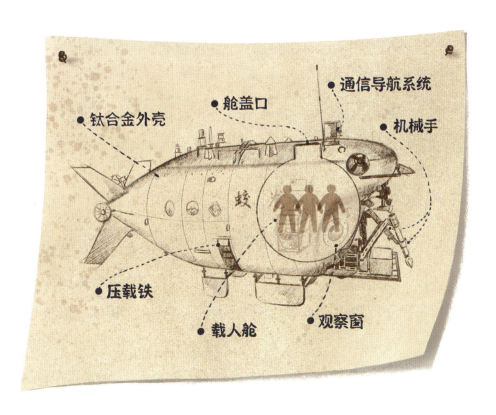

载水舱，以及声呐、蓄电池等设备。尾端是红色的 X 形稳定翼以及 4 个推进器。"蛟龙"号两侧及"头"上也各有 1 个推进器。这 7 个推进器被设计师精心布局，使"蛟龙"号拥有六自由度空间运动能力①，可以实现水平和垂直方向的运动，包括前倾、后倾、斜倾等类似于"低头""抬头"的动作，轻松完成爬坡、回转或螺旋上升等工作。

准备入舱时，我特意用目光搜寻了一遍"蛟龙"号，却没有看见入舱前一天交给水面工作团队的几件手工泡沫小玩具。这几样小玩具是用来做一个科学小实验的，需要挂在"蛟龙"号上随我们一同下潜。它们到底被挂在哪里了呢？没有时间查看了，该入舱了，等回来再问吧。

入舱前，维护团队将一个硬纸板垫圈套在舱口，避免异物沾在舱口壁上，导致舱口盖和舱口壁闭合不严 —— 哪怕是一丝缝隙或者划痕，都可能在压力巨大的深海造成严重事故；接着，他们将一架直梯几乎垂直地伸入载人舱。舱口看起来更小了。叶聪、傅文韬先入舱，轮到我时，我向下看了看，下面很深，一眼望不到舱底。我按要求先脱下鞋子，然后小心地攀着直梯，慢慢入舱。按惯例，下潜人员在扶着梯子向下入舱时都会向大

---

① 即在三维空间内自由移动的能力。

家挥手，作暂时的道别，我也这么做了。

挥手的瞬间，我看到中国大洋第 31 航次科考队的红色科考旗正迎风招展，高大的红色 A 形架也在晨光中熠熠生辉。我发现自己身上穿的衣服跟科考旗、A 形架竟然是同一色调。我暗暗告诉自己，红色就是我今天的幸运色了！

第二章

熟悉的载人舱

早上 8 点 30 分，我们一一入舱。等坐下后，我不由得惊讶，这么小的入舱口，胖胖的叶聪是怎么刺溜一下就进来的？按规定，坐在中间的是主驾驶傅文韬，左舷是副驾驶叶聪，我坐的是科学家的座位——舱里的右舷。每个座位前面都有一扇观察窗，大小不一。其中，主驾驶座位前的观察窗最大，直径20 厘米。两侧座位前的观察窗直径只有 12 厘米，大约是日常吃饭的碗口大小。从三扇观察窗往外看，视野会有所重合，这样，舱内三个人在水下观测时不会有死角。

　　舱内很窄，直径只有 2.1 米，这是之前就体验过的，但同时坐进来三个人，整个空间就显得更拥挤了。世界上屈指可数的几台 7000 米级深潜器的载人舱直径都不大，万米级深潜器的载人舱更小，美国的"深海挑战者"号甚至只能容纳一个人。如果强行增大，就无法保障深潜器能扛住深海压力，因为材料性能和焊接技术都无法支撑。

要知道，随着深度增加，每下潜 10 米，深潜器所承受的来自海水的压力就会增加 1 个大气压（1 个大气压的压力有多大？想象一下你的大拇指指甲盖顶着两瓶矿泉水的感觉）。在 10000 多米以下的马里亚纳海沟，海水的压力接近 1100 个大气压，相当于指甲盖大小的地方要扛起一辆小轿车，也相当于 2000 头非洲象踩在一个人的背上。

舱内空间有限，没有安放座椅，只在地板上铺了地毯，中央留一个凹槽，主驾驶就坐在地板上，脚放到凹槽里。主驾驶位置左右两侧稍微靠后的舱壁下都放着坐垫，这就是两名乘员的座位。

主驾驶位置的前面是主操作仪表盘，上面密布着一排排按钮和指示灯，所有设备的启动和操作都在这里进行，包括潜水器的操纵杆、水声电话终端、机械手的控制器等。仪表盘上方有 4 个显示屏，主显示屏显示舱内氧气浓度、压力、温度和电量等信息，另外 3 个是水下高清摄像机显示屏，可以观测到海底地形和地貌。

引人注目的是座位后面那一堆蓝色和黑色的钢瓶。它们是生命支持系统：蓝色钢瓶装着氧气，黑色钢瓶装的是空气，可以提供三个人正常水下工作 12 小时、应急 72 小时的生命基本所需。深潜器和空间站一样，不可能像在陆地那样开窗与外界进行空气交换，得自行完成释放氧气、收走二氧化碳的循环，保证一定的氧气浓度。

　　进舱后，我们谁都没有说话。在这个狭小空间里，叶聪和傅文韬身上的深蓝色潜航服，让人不由得联想起几千米之下海水的幽深和神秘。

　　突然，一个闪念电光石火般照亮了我的脑子：取他们俩的姓和我名字中的一个字，便组成了"傅立叶"。傅立叶是法国著名数学家和物理学家，他提出来的"傅立叶变换"是数学史上一个非常著名的公式，在物理学、数论、信号处理、概率、统计、密码学、声学、光学等领域都有着广泛的应用。

　　我把我们名字中的巧合告诉他们，并且故作严肃地宣布道："今天出征'蛟龙'号第72潜次的就是'傅立叶'组合。"他们笑着一致同意。

　　很快，舱内又归于安静，叶聪和傅文韬专注于下潜前的检查工作。我坐在座位上悄悄做了一次深呼吸，几天来的兴奋和紧张在这一刻终于得到了平复。

　　这不是我第一次进入"蛟龙"号。2013年4月，我去中国船舶重工集团公司第七〇二研究所参加培训时，曾由专业人员带着进入舱内熟悉基本操作。那是大洋科考前的培训，内容主要包括熟悉航次任务和心理应对，比如怎样克服幽闭恐惧症等。此外，我还到试验性水池体验了乘坐"蛟龙"号下潜13米。就在 2013 年 9 月 7 日这次下潜的前一天，我还随潜航员唐嘉陵[①]到舱内再次熟悉操作设备。

对我来说，舱内的一切都是熟悉的，熟悉得就像我自己的办公室。熟悉的电子屏幕，熟悉的键盘，熟悉的圆形观察窗，熟悉的仿生机械手控制器，连空气都是熟悉的。我的目光在操作系统的按键区多停留了一会儿，默想着下潜前要求科学家必须掌握的基础操作——上浮。如果潜航员发生意外，科学家必须知道如何让深潜器上浮。当然，没有一位科学家希望自己亲手去操作这些按键。每一个执行深潜任务的科学家心里都知道，深潜到数千米的海底，绝不像在林荫道上散步那么轻松，每一步都需要谨慎操作，才能确保自己平安归来。

深海是迷人的，但要到达并不容易。不带任何呼吸装备，以血肉之躯自由下潜，通常只能下潜到几十米深处。人类对深海的探索历史漫长。据说早在公元前 4 世纪，亚里士多德就曾经提出过一个构想：将一个巨大的罐子倒转过来，人进入其中，依靠罐中的空气短暂补氧，维持水下活动。16 世纪，达·芬奇曾绘制过一张潜水服的草图。直到 1930 年，人类才第一次乘坐潜水器潜入深海——两位美国工程师乘坐他们发明的"深海

---

① 唐嘉陵是我国首批自主选拔、培养的两名职业潜航员之一，全程参与了"蛟龙"号下潜 1000 米至 7000 米海试。

潜水球",下潜到了 240 多米深处。此后,人类深潜史上不断涌现出一个个里程碑事件——当然,也一直伴随着风险。1968年,名扬世界的美国深潜器"阿尔文"号像从山顶上滚落的石块一样,突然跌落到 1000 多米深的大西洋海底,幸好 3 位潜航员反应敏捷,迅速逃生,而倒霉的"阿尔文"号则在海底泡了 11 个月才被打捞上来。美国专栏作家詹姆斯·内斯特在《深海:探索寂静的未知》一书中说:"人类水下探索的历史,是由那些试图潜入深海的人的骸骨铸成的。"

有人可能会担心下潜时遇到可怕的鲨鱼,受到攻击,这完全是一种错误的推

公元前 4 世纪

16 世纪

1930 年

1968 年

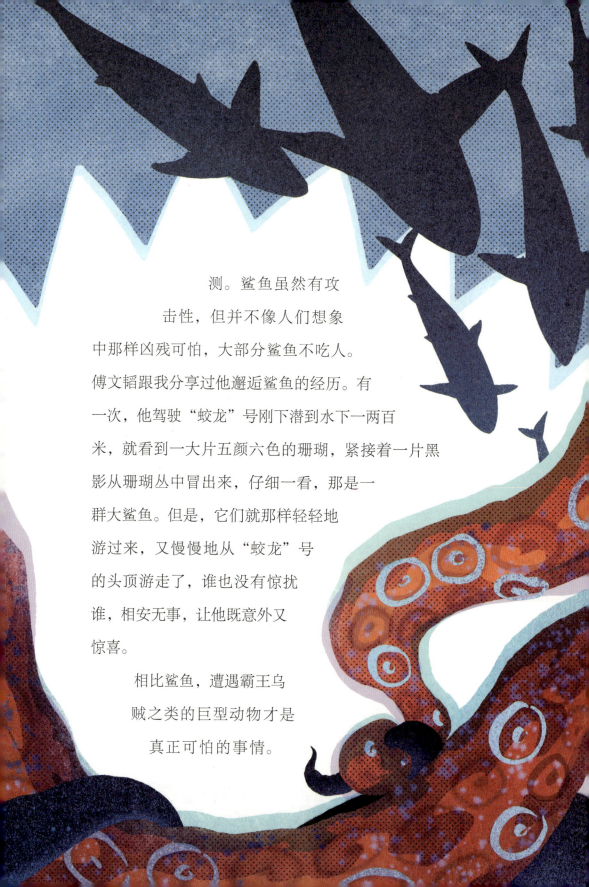

测。鲨鱼虽然有攻击性，但并不像人们想象中那样凶残可怕，大部分鲨鱼不吃人。傅文韬跟我分享过他邂逅鲨鱼的经历。有一次，他驾驶"蛟龙"号刚下潜到水下一两百米，就看到一大片五颜六色的珊瑚，紧接着一片黑影从珊瑚丛中冒出来，仔细一看，那是一群大鲨鱼。但是，它们就那样轻轻地游过来，又慢慢地从"蛟龙"号的头顶游走了，谁也没有惊扰谁，相安无事，让他既意外又惊喜。

相比鲨鱼，遭遇霸王乌贼之类的巨型动物才是真正可怕的事情。

人们曾从霸王乌贼留在捕获的

抹香鲸身上直径超 40 厘米的吸盘疤痕推测，那只

霸王乌贼至少有 60 米长。只有 8.2 米长的"蛟龙"号

若遇到它的攻击，后果无法想象。

危及"蛟龙"号下潜安全的，

还有高温热液喷口、复杂地形、

障碍物（暗礁、沉船、电

缆、破渔网等）、

设备故障……

　　说实话，我对深海并没有恐惧，这种安全感源于信任：对共同出征的战友的信任、对协同作战的整个深潜团队的信任（深潜过程中，母船上的工作人员会在指挥部时刻关注"蛟龙"号的情况，有什么异常，会第一时间启动应急方案）、对国家飞速发展的深潜技术的信任。有了这些基础，我才能幸福而纯粹地感受深海的无限魅力。

　　除了科考目的之外，深潜在我心里似乎也是在完成某个神秘的生命仪式，如同回归母亲的羊水之中，或者说这是一次特殊意义的寻根之旅。深海是人类生命的起源地，它究竟隐藏着怎样的生命密码，我还在上中学时就在思考这个问题并为之痴迷。

　　叶聪和傅文韬完成下潜前的检查工作后，"蛟龙"号动了起来，沿着轨道向外"走"（准确地说，它是被轨道车推

动着往外"走"),"驶离"它的"家"。很快,我便感觉到一阵晃动,"蛟龙"号似乎被吊了起来。我急忙往观察窗外望去,只见甲板上的人慢慢变小。"蛟龙"号越升越高了,接着,它在同一高度上平行移动了一段距离,就开始往下降,我猜这是向海面上方移动。在它下降过程中,有一瞬间,我看见了后甲板上工作人员的蓝色身影,他们正在释放拖曳缆。

随着"蛟龙"号一点点接近海面，眼前所见的是母船巨大的船体，虽然已经看不见甲板上的队友，但我知道他们一定没有离去，还在为这次下潜认真地做着保障安全的服务工作。我清楚地记得，入舱时，为我们打开并盖上舱盖的队友是杨磊[1]博士。在"蛟龙"号的维护团队里，像他这样的博士有很多，他们参与"蛟龙"号的研发和海试那么长时间，却一直没有机会亲自去海底体验。

"晚上见了！"我在心里默默地道别。我知道，如果顺利，下潜任务完成后回到母船时应该是日落之前，正好赶上跟队友们一起共进欢乐的晚餐。

海面风平浪静，"蛟龙"号在被高高吊起和下落的过程中并没有大幅摆动（待在舱内感受更直观），非常平缓地抵达了海面，这个过程被称为"潜器布放"。隔着小小的观察窗，我与波光粼粼的海面近在咫尺。

---

[1] 杨磊是国家深海基地管理中心技术部副主任，长期参与"蛟龙"号的维护工作。

第三章

"蛟龙"入水

　　橡皮艇上的"蛙人"们早就在海面上等着了，他们算是最后一拨为"蛟龙"号送行的人。"蛙人"们成天出入大风大浪，不仅需要水性极好，也需要勇气超群。

他们的主要工作就是为"蛟龙"号解开或者挂上与母船相连的主吊缆和拖曳缆。"蛟龙"号下潜前，他们要为它解缆，便于它自由自在地下潜，这个过程很像一位母亲放手让孩子去探索。等"蛟龙"号归来，他们又将为它挂缆，便于安全回收。

隔着观察窗，我看见母船似乎越来越远，于是猜测"蛙人"们已经解开了主吊缆和拖曳缆。如果你在新闻图片上看到过"蛟龙"号入水时吊着这根主吊缆，没准会以为它一直被这么吊着下潜到几千米之下，但其实"蛟龙"号是无缆自主下潜的。可惜观察窗的视野有限，我看不到"蛙人"们在顶部工作的场景。另外，因为在海面颠簸得厉害，我也无法判断解缆前后颠簸程度是否有区别。不过，能确定的是，没有缆绳束缚后，"蛟龙"号更容易"随波逐流"。此时，舱内晃动得十分厉害，如果不是亲身体验，很难想象这种晃动带来的头晕目眩感。对于浩瀚无边的海洋来说，"蛟龙"号微不足道，如同一片风中的叶子，任凭海浪把它推来搡去。

我虽然一向身体健康，也不晕船，但领教了这番晃动后，还是决定果断听从央视记者王凯博的建议：在座位上半躺下来，养精蓄锐，等待深潜开始后再投入工作。这时，"傅立叶"组合的另外两位队友也特意提醒我做好心理准备，因为我们还将在海上漂泊十多分钟。

在上"向阳红 09"号母船之初，我就听有经验的队友说，很多在内陆河流中从不晕船的人到海上后也会晕船。海洋与河流的风以及水流千差万别，船在河里会有规律地左右或前后颠簸，在海上则是毫无规律地向任意方向剧烈颠簸。因为内陆河流两岸有树木、楼房的遮挡，风力受陆地摩擦力的影响后大为减弱，水流流向也相对固定，而海上由于几乎没有任何阻力因而风力更大，此外还可能受到与局地大风完全不同的全球洋流系统的影响。

你也许会好奇，既然在舱内晕得这么厉害，为什么不马上下潜，还要让"蛟龙"号在海上颠簸这么长时间呢？因为此时还有一件至关重要的事情需要做。

两位潜航员正忙着做水面通电检查，颠簸似乎没影响到他们。他们的体质果然比普通人好太多，怪不得有人说潜航员的遴选严格程度不亚于航天员。潜航的情况复杂，也充满风险，他们时刻都需要以高度的专注力和清醒的脑力来应对。

很快，我听到傅文韬用比平时更慢的节奏在说话："向——9，向——9，我是——'蛟龙'。水面——检查——完毕，申请——注水——下潜。"

过了大概一分钟，传来几声轻微噪声，接着便传来了母船指挥部清晰的声音，只不过语速也跟刚刚傅文韬说话时一样，慢得让人觉得有些滑稽。这是因为通过水声通信系统说话，语速不能快，而且要字正腔圆，否则语句就会浑浊不清。

对话让人很安心，意味着水声通信系统没有问题。

可不要小看了水声通信系统，下潜之后，"蛟龙"号就像一条小鱼一样潜入浩瀚深海，如果水声通信系统出了问题，"蛟龙"号在水下的风险系数就会大大增加。所以，深潜任务有一条硬性规定：潜航员必须接通水声通信系统后才能开始深潜；而且，在深潜过程中，如果发现水声通信系统出现故障，必须马上返回。水声通信系统就像是"蛟龙"号的耳朵和嘴巴，可以将"蛟龙"号的下潜深度，运动速度和舱内温度、湿度、气压、氧浓度等信息准确地传送到母船指挥部，便于指挥部实时掌控信息，指导水下作业，保证下潜安全。

"蛟龙"号的水声通信系统究竟是怎么工作的呢？秘密就在于设计师们为"蛟龙"号配备的两套通信系统。一套是水声通信机，可以实现潜水器和母船间图像、文字、指令等数据的传输，主要依靠母船上2000米电缆拖曳的水下声学通信吊阵来实现。水下声学通信吊阵可爱得就像一件小玩具：有点像糖葫芦，底部是导弹形状的重块，叫作"钳鱼"。另一套为水声电话，主要用于潜水器和母船之间的语音通话。

"蛟龙"号的声学系统除了水声通信系统之外，还包括高分辨率测深侧扫声呐、避碰声呐、成像声呐、声学多普勒测速仪等。这些名字听起来很复杂,简而言之,它们都是利用声学原理来探测水下目标物,测量距离和速度,如探测海底微地形地貌、前方目标,测量各方位障碍物的距离、潜水器的运动速度和下方的海流速度等。

傅文韬向母船指挥部提出注水请求并获得批准后,"蛟龙"号的压载水舱里便开始注水了。注水完成时,我特意看了一下时间:上午 8 点 52 分。"蛟龙"号终于要开始下潜了!

"蛟龙"号停止晃动和正式下潜似乎没有明显的界线,以至于我根本没有意识到哪一瞬间开始了下潜。我好像是从梦中醒来一样,忽然就发现自己已经在水下几米深的地方了。我原以为下潜的瞬间应该有明显的感觉,就像飞机起飞时会感到失重,或像汽车猛地起步时会产生眩晕感,但真实情况不是我想的那样。虽然随着深度增加,潜水器承受的压力在增大,但舱内是恒压的,"蛟龙"号下潜几乎是匀速向下直线运动,非常平稳,就跟我们日常乘电梯下降的感觉差不多。没想到海面上风浪颠簸,海面下却平静稳当。

重达 22 吨的"蛟龙"号如同秤砣一样缓缓地向下坠落,在我的想象中,它应该会在水下激起一串串泡泡,不断地向上冒,有点童话的色彩,然而,我在载人舱里看到的并不是这样。我的眼前除了海水还是海水，阳光透下来，一切充满着新鲜而奇异的美，让我几乎找不到合适的语言来描述。

这就是叶聪所说的"妙不可言的世界"了。我再也坐不住了，直接跪在观察窗前，瞪大眼睛看向窗外，唯恐错过任何一幕美景。

第四章

浪漫海雪

傅文韬坐在主驾驶座上，沉着地指挥着"蛟龙"号按规定的程序驶向深海。虽然他也在专注地盯着观察窗外面，但显然与我的兴奋不一样，他是见得多了，因而波澜不惊。

　　叶聪侧身坐在左舷，看上去也很平静。自"蛟龙"号诞生后的第一次海试以来，他已经下潜过数十次，没有谁能比他对"蛟龙"号的功能更熟悉，也没有谁能比他对"蛟龙"号的安全性更有信心。

　　他们沉浸在自己的工作中。虽然我们没有交谈，但我能感受到他们有一种主人带客人参观自家花园时的气定神闲。

　　我们此刻下潜的速度正常，每分钟 30 到 40 米。这个速度其实很慢，甚至比我们走路的速度都要慢（一个健康成年人走路的正常速度大约为每分钟 80 米）。

10 米，20 米，30 米……显示屏上的下潜深度数据在不断刷新，告诉我们离海面已经越来越远了。不光我们三个坐在舱内的人看得见下潜深度数据，母船上的人也知道。每隔 64 秒，这些数据就会通过水声通信系统自动同步到母船，向母船报一次平安。

这一带海域的海水清澈无比，刚下潜到几米的时候，能见度非常好，光线充足。通过观察窗，我可以非常清楚地看见外面的机械手，甚至能看清机械手关节上的小螺丝。

不过，窗外的一切变化太快，我都来不及细细感受就消失了。碧波万顷的海面早已模糊成远去的记忆。

根据下潜之前做的功课，我知道，在海底不同深度有不同的景观，很快我们就会迎来一幕幕美轮美奂的奇幻景象，整个深海将为我们上演各种精彩剧情。

我的脸都快贴上观察窗了，眼睛一眨不眨地盯着那个光线瞬息万变的深蓝世界。在此之前的一切都是"耳听为虚"，马上就要变成"眼见为实"，我无法抑制内心的兴奋之情。

就在傅文韬提示说已经下潜到 50 米的时候，观察窗外一幕神奇的景象突然而至，我喜出望外。

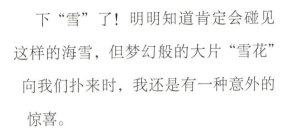

下"雪"了！明明知道肯定会碰见这样的海雪，但梦幻般的大片"雪花"向我们扑来时，我还是有一种意外的惊喜。

"蛟龙"号越潜越深，舱外的光线渐渐暗下来，几分钟后，这"雪"越"下"越大，越"下"越密，目之所及，全是纷纷扬扬的"雪花"。如果你曾在夜间的广袤原野上遭遇过暴风雪，大概就能想象出深海飘"雪"的情景。这一切美得惊心动魄，直叫人忘却时间，忘却身在何处。

很多人会从安徒生童话《海的女儿》中获得这样的想象：深海的水会像最明亮的玻璃一样清澈。可惜真实的深海并非如此，"雪"使海水看起来非常浑浊。深海里为什么会有"雪"？它究竟是什么成分？又是从哪里来的呢？

塑造深海绝美风景的"雪"当然不是陆地

上的雪，说出它的成分估计会使一部分人大倒胃口。它由各种有机物的碎屑混合而成，比如，已死或将死的浮游生物（如硅藻等）、粪便颗粒、尘土等。如果把它从海水中提取出来，就会发现它不过是些絮状的松散物质。如果此时身处"蛟龙"号的舱外，估计淋一头海雪也不是什么浪漫和美好的事情，想想它的成分和气味就知道了。

海雪绝美的造景能力和真实成分形成了极大反差，令人意想不到，与此相似的还有海滩上的柔软细沙：沙子的主要成分除了岩石碎片之外，还包括海底珊瑚礁和贝壳类的尸体碎片。这些珊瑚礁和贝壳类的尸体碎片经过海水的搬运和冲刷来到海滩上，又经过天长日久的风化作用，终于形成了我们漫步于海滩时趾缝间流过的颗颗细沙。

不过，我们也要看到海雪的价值。研究浮游生物和海雪的德国海洋科学家赖纳·基科说过："深海里的一切都在等待沉下来的东西，无论是死去的鲸还是海雪，都是深海生物的养料。"

在距海面约 200 米以下的区域，因为光线稀少，植物几乎无法进行光合作用，就成为一个求生不易的世界。海雪是这个世界里重要的食物，为深海生物提供滋养。而没有被各种生物"吃掉"的部分，将继续往下落，直至落到海底，最终被泥沙沉积物吸收。海雪从海面到海底的全部旅程，大概就是几周时间。

海雪也是全球碳循环的重要组成部分，有助于减轻温室效应。海面下的浮游植物进行光合作用时，吸收了大气中以二氧化碳形式存在的碳。随着这些浮游植物死亡形成海雪，碳也变成海雪的一部分，最终被传送到海底，在很长一段时间内不会再进入陆地上的大气层，从而降低了地球大气中的碳浓度。

窗外的机械手越来越模糊了，我想这大概到海洋的微光层[1]了吧。我抬头看了看显示屏上的深度计数：300 米。即使在最清澈的海域里，300 米水深处的光线也微乎其微。

从下潜正式开始到此刻，不过 10 分钟，光线消失得如此之快，仿佛海下执行了另一套时间标准，让我感觉飞快地从白天走向了黑夜，也从喧嚣走向了宁静。

---

[1] 根据光照强度，可以将海面以下的区域大致分为 3 层：0—200 米为透光层，生活着大量海洋生物，可以进行光合作用；200—1000 米为微光层，光照强度快速衰减，植物无法进行光合作用；1000 米以下则通常是无光层。也可以分为如下几层：光合作用带（从海面到 200 米深处），暮色带（从海平面下 200 米到 1000 米），深层带（海平面下 1000 米到 4000 米），深渊带（海平面下 4000 米至 6000 米），超深渊带（海平面下 6000 米以下）。

第五章

窗 外

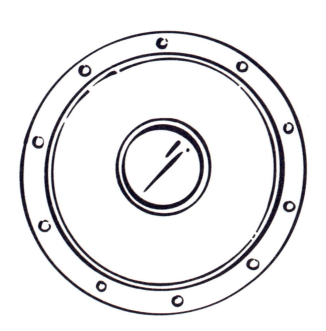

　　我曾经以为深夜的乡村是最宁静的地方，但是当我乘"蛟龙"号下潜到 300 米以下，光线逐渐消失，只留下暗夜一般深沉、宇宙一般无垠的海水时，一种在陆地上任何地方都不曾体验过的宁静和孤独感席卷而来。这种感受也许只有飞往浩瀚太空的航天员才懂吧。我们同样在远离自己所熟悉的一切，经历大多数人所未能经历的一切。

　　我盯着观察窗外，不知道此刻是不是有某个生物正躲在黑暗的角落里，盯着闯进深海世界的我们。眼前这个神秘世界与我只隔着舱壁，却仿佛世界上最遥远的距离。无论我有多么渴

望与窗外的一条鱼交流，也不可能出舱去真正地零距离接触，因为此时，"蛟龙"号正在 300 米水深处承受着海水带来的压力。想象一下一个八九岁的小朋友站在你的大拇指指甲盖上，你就知道这个压力有多大了。而 300 米的深度基本是不乘深潜器的人类带着专业潜水设备所能下潜的极限。

此时，浪漫海雪已经消失不见了吗？没有，在 300 米的深度，它仍然存在，只是因为下潜的全程舱外一般不开灯，舱内也只保持极低亮度的照明，所以随着光线变暗，海雪也看不清了。

你也许会问，300 米以下几乎是黑夜一般的深海，为什么会关着灯？难道是为了节电吗？确实如此，"蛟龙"号的蓄电池电量有限，节电自然重要，但更重要的是为了保障安全。在水深 2000 米区域可能存在很多体形较大的海洋生物，其中一些鱼类对光线特别敏感，灯光可能会引发它们攻击。在国外就曾有过鱼类攻击深潜器的报道。

舱内很小，光线很暗，从我的角度看过去，坐在左舷的叶聪与我距离最多 1 米，但他的脸我都有点看不清。傅文韬就坐在我身旁，微弱的光线下，稍稍能看清一些。他一言不发，专注于"驾驶"。

其实"蛟龙"号完全可以实现三种方式的自动航行：一是自动定向航行，只要设定好方向，"蛟龙"号便可以自动航行；二是自动定高航行，让"蛟龙"号与海底保持一定高度，即使面对复杂的海底地形，也不用担心；三是自动定深航行，让"蛟龙"号与海面保持固定距离。尽管如此，作为主驾驶的傅文韬和副驾驶的叶聪仍然全神贯注地关注着下潜的"路况"，为我们的安全起到了双重保险。此外，由于多次带科学家下潜，他们对科考任务也很熟悉，能帮着搜寻目标物。

窗外几乎没有亮光了，但还是没看见发光生物[①]。海洋里的

---

① 发光生物是指具有发光器官、细胞（包括发光的共生细菌），或具有能分泌发光物质的腺体的生物。

发光生物种类繁多，从发光细菌、发光单细胞藻（如裸甲藻）、原生动物（如无骨虫、胶体虫和球虫）到鱼类（如灯笼鱼、鮟鱇鱼）。在发光浮游生物密集的海域，风浪惊扰和舰船航行都能激起乳白色或微蓝色的光，俗称"海火"。

我心里很纳闷：难道学来的海洋生物知识出错了吗？听队友介绍，在水深超过700米的水层中，90%以上的动物能发光。但发光生物也不只出现在这一水层，在有些海域，200米以下就能看到发光生物。现在我们已经在海下300多米，还是没有见到发光生物的踪影，难道我真得等下潜到700米后才能看到发光生物吗？

我忍不住开口问道："怎么还没有看见发光生物啊？"傅文韬淡定地答道："要等到完全黑下来才有。"我疑惑地说："这已经很黑了啊。"傅文韬说："你看窗外的机械手都还能看见，等到看不见时，就说明完全黑了。"我趴在观察窗上锁定目标去看，的确能看见机械手，尽管已经十分模糊了。

"还得等多久才能完全黑呢？"

傅文韬没再说话。我想也许并不好回答，因为在不同的海域，光照条件和水质的浑浊度不同，看不见光线的深度也不同。我们这次下潜的目的地是西太平洋采薇海山，这里300多米的深度，外面还没有全黑。如果在别的海域，很有可能早就完全看不见光亮了。

我迫切地期待着外面彻底黑下来，早点看到发光生物，这个等待的过程真让人感觉度"秒"如年。之前读陈鹰老师的《深海科考探险日记》时，我深深记住了一句话——这些发光生物像静谧的夜空中一眨一眨的星星。

不过，惊喜来得还挺快的，大概就在两分钟后，我的眼前突然一亮，第一个发光生物出现了！

这个发光生物应该是水母，发着幽幽荧光，就那么小小一点，如同流星般从我眼前划过，很快便消失在无边无际的黑暗中。其实，它并没有动，动的是"蛟龙"号，这跟我们在行驶的车上看到树在动的原理一样。随着"蛟龙"号越潜越深，400米，500米，600米，700米……进入我们视野的发光生物也越来越多，如同夜空中呈现出流星雨的美景，太壮观、太震撼了！

童年的我曾在河北乡下小院里梦想着乘宇宙飞船穿越浩瀚银河，然而此时此刻，我们的"蛟龙"号正在穿过一片璀璨"星海"。前几天，我还在"向阳红09"号母船上看夜空中的满天星斗，然而此时此刻，我竟在海下看着"夜空"中"繁星"闪烁的景象。这种感觉既真实，又梦幻，让人不知今夕何夕。

我看到的发光生物主要是水母一类。有的像萤火虫般在我们的观察窗外萦绕着，慢慢"飘"过；有的如"雪"树银花般晶莹，一大串一大串"飘"过；也有的本来聚集在一起，也许是被我们打扰了，一下子散开去，像夜空中绽放的烟火，让人不禁想起辛弃疾的词句"东风夜放花千树"来。

深海的发光生物无时无刻不在上演着精彩的"灯光秀"，但对我来说，这是一场限定观赏时间的演出，从我入场到离开，仅仅持续了半小时左右。从 350 米深处，发光生物开始出现，然后越来越多；在 500 米深处，我数了一下，发光体每分钟在视野中出现 10 到 15 个；到 1100 米深处，发光生物就很稀少了，每分钟只能看见几个；到 1600 米以下，几乎一个也没有了。

当这些发光生物不再出现时，我从跪在观察窗前的姿势起来，返回座位休息。这时我才发现膝盖有点酸痛，同时感到一阵寒意袭来。

第六章

采薇海山

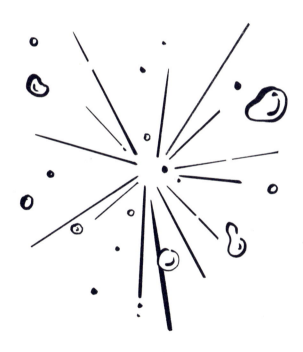

"蛟龙"号在幽暗深海里无声地下潜着，屏幕上的深度数据不断变化，提醒着我离目的地还有多远。我一边等待目标深度的出现，一边回味着刚刚初次深海下潜看到的风景。人生中的每一趟旅行都是独特的，陆地上的旅行如此，深海中的"旅行"也是如此。

　　傅文韬已经驾驶"蛟龙"号往返深海"旅行"数十次了，但他每次再出发时都兴致勃勃，因为每次"旅行"都会有新的体验。有时充满惊喜，比如他曾驾驶"蛟龙"号与鲨鱼群擦肩而过；有时也会伴随着惊险，比如差点让深海热液喷口的高温液体喷上了观察窗。他说："这份工作其实并不是特别重复，你永远不知道下面一个海，等待你的是一个什么样的情况。"

　　每次下潜到深海，都会看见不一样的风景，就这一点而言，潜航员的工作令人羡慕。如果可能的话，我真想把海底世界看个遍，看看每个地方有什么。

　　我们这个航段前 3 次下潜的目的地跟我这次一样，都是采薇海山群，包括采薇平顶海山、采杞平顶海山和采菽海山。

　　看到这几个名字，相信你一定也会觉得既好听又浪漫，还特别有文化气息。我国对国际海底地理实体命名有自己的体系，会大量采用《诗经》中的词语，由我国命名的大西洋、太平洋、印度洋里的很多海底地理实体的名字就分别源自《诗经》里的《风》《雅》《颂》。

　　采薇平顶海山、采杞平顶海山和采菽海山都位于太平洋，其中，采薇平顶海山的名字出自《诗经·小雅·采薇》，"采薇采薇，薇亦作止"；采杞平顶海山的名字源自《诗经·小雅·北山》中的诗句"陟彼北山，言采其杞"；而采菽海山的名字则出自《诗经·小雅·采菽》，"采菽采菽，筐之筥之"。薇是一种可以食用的野豌豆，杞是枸杞，菽是一种豆类植物，这三座海山的名字都体现了中国古代劳动人民辛勤劳作的精神。

　　大西洋里，安吉海丘的名字出自《诗经·唐风·无衣》中的"不如子之衣，安且吉兮"，意为安乐吉祥；淘美海丘的名字出自《诗经·邶风·静女》中的"自牧归荑，洵美且异"，洵美是非常美好的意思。印度洋里，大糦热液区的名字出自《诗经·商颂·玄鸟》中的"龙旂十乘，大糦是承"，大糦指酒食，形容供奉的食物非常丰盛；温恭海山的名字出自《诗经·商颂·那》中的"温恭朝夕，执事有恪"，意思是温和恭敬、小心谨慎做事情。

　　我国也经常采用神话传说中的人物、古代名人以及对地质研究做出贡献的科学家的名字，为海底地理实体命名，如位于太平洋的"牛郎平顶海山""苏轼海丘"及位于印度洋的"李四光断裂带"等。此外，还有一些海底地理实体的命名则是考虑到它们的地貌特征或所处位置等，如印度洋中的卧蚕热液区因形似卧蚕而得名。那太平洋中的水杉海山呢？它是以中国珍稀树种水杉来命名的。水杉海山西边还有一座海山，就根据位置命名为西水杉海山。

　　说起来，我这次能随"蛟龙"号去海底跑野外，和海山密切相关。我当时的工作单位自然资源部第二海洋研究所（简称海洋二所）是中国大洋科考航次的组织实施单位，每年都会安排科研人员参加中国大洋科考，很多同事都成了科考航次中的首席科学家。我刚好有西太平洋海山形成演化的研究课题，于是积极报名参加，最终幸运地获得了这个机会。

中国大洋科考第 31 航次第三航段前 3 个潜次去的都是采薇海山东侧山麓，我这次要去西侧山坡采集生物和地质样本（如岩石），而在我之后两天还有一次没有科学家参与的工程下潜，目的地则是采杞平顶海山。第三航段的 5 次下潜将共同完成以下考察任务：对采薇海山东侧山麓从山底到山顶的剖面调查，以及采薇海山西侧山坡和采杞平顶海山南侧山坡的对比研究。

也许你会问，下潜到海底作业历经好几小时，能不能去了海山的西侧再去东侧呢？一般来说，下潜一次是不可能覆盖那么大范围的。如果把采薇海山搬到陆地上来，它也不是一个小山包：海拔大约 1000 多米，北东走向，长和宽分别约 110 千米和 95 千米。以"蛟龙"号在水下的速度，要在几小时里既完成作业，又从西侧山坡开往东侧山麓，根本不现实。

看到这些数据，你也许会惊叹海底这个神奇的世界在地形地貌上与陆地如此相似。没错，海底绝不像游泳池底一样平坦，而是崎岖不平的，既有高耸的海山、绵长的海岭、深邃的海沟，也有低洼的海盆。

海底为什么会平白无故地冒出海山呢？通常是由火山活动引起的。当岩浆从地球内部向上涌动并冷却时，便会在海底形成火山。随着板块运动和海洋地壳扩张，有些海底火山会不断沉降，最终形成海山。

在全球的海洋中，到底有多少座海山呢？由于隔着几千米海水，人类对海底地形的了解还不如月球背面，甚至不如火星。科学家们最初对海底地形的探索是通过绳子来实现的，之后发展到用声波，再到利用遥感技术。但至今为止，绝大部分海底还缺乏详尽的地形图，可以说，征服星辰大海的路还很漫长。

汪品先院士在《深海浅说》中介绍道，高度超过 1500 米的海山大约有 13000 座，并推测全球高度超过 1000 米的海山大约有 10 万座，超过 100 米的就更多了，大概有 2500 万座。

采薇海山就是这成千上万的海山中的一座，位于西太平洋的麦哲伦海山区。我们通常用到的地球仪上并不会标注出海山，不过，只要告诉你采薇海山的经纬度是北纬 15°40′，东经 155°10′，你应该就可以在地球仪上快速找出它的大致位置了。

采薇海山的山顶十分平坦，从专业人员绘制的立体地形图来看，它很像一个被砍伐后留下来的大树桩，这可能与你对海山的想象不一致。在人们的印象中，山都是高耸的、尖顶的，但采薇海山的山顶却是平坦的，因此它也被称为采薇平顶海山。

采薇海山

采杞平顶海山

采薇海山与伴随它的采杞平顶海山和采菽海山，常常被合称为采薇平顶海山群，不过，采菽海山却是一座尖顶海山。

虽然下潜过程中看到了不少美丽而独特的风景，但遗憾的是，我们在下潜和悬停作业时看不到海山全貌，既无法在山顶上俯瞰山脚，也不能在山脚仰望整座海山。这不只是因为我们作业时"只缘身在此山中"，还有光线的缘故：下潜时全程不开灯，悬停作业时开的灯也只能照亮 15 米以内的区域。不过，我相信未来科技肯定能弥补这样的遗憾。或许有一天，我们乘坐新的深潜器下潜到海底科考或者旅行时，在确保安全的前提下，可以通过观察窗一路自上而下看清海山的全貌。

采薇平顶海山

我们三人一路下潜，到水深 2500 米的时候，叶聪和傅文韬打开了高清摄像云台（云台连接着高清水下照相机，科学家在下潜中的主要任务就是操作云台转动，选取合适角度完成拍照）和舱外的探照灯，做好坐底（指"蛟龙"号停留在海底）前的准备。观察窗外的世界再次亮了起来，探照灯能照亮的区域不大，目之所及，全是幽深的海水。

一路上，随着下潜深度的增加，观察窗外的海水温度越来越低，舱内的温度也在下降。早上出发时，海面的温度大约是 28 摄氏度，此时海水温度大约是 2 摄氏度，舱内的温度还能维持在 18 摄氏度左右，但是身子贴着冰冷的舱壁，就会感觉更冷一些，跟地铁里强冷车厢的冷感差不多。身强力壮的人穿短袖也勉强能忍受，怕冷的话可以加一件长袖外套或者披条毛毯。我们下潜人员提前三天会领到一个背包，背包里有执行任务时必需的物资，其中一样就是毛毯。后来大家想出了更多、更便捷的御寒方法，比如贴上"暖宝宝"，这比披上毛毯更便于活动。

舱内温度越来越低，空气也越来越潮湿，如同坠入了阴冷的冬天。这时，我在观察窗内侧发现了一些小水滴，不由得吓一跳：难道观察窗漏水了？但我随即想起了叶聪讲过的一个故事：他随"阿尔文"号下潜时，曾在观察窗上看到了积水，同行的美国潜航员就让他用舌头尝一尝，看看是不是咸的，如果是咸的就证明载人舱漏水了，整个深潜器和下潜人员将遭遇灭顶之灾——深潜器和人瞬间会被深海的巨大压力压爆。当然，这只是美国潜航员的玩笑，水滴实际上就是载人舱的内部冷凝水。

舱内出现冷凝水的现象可以用物理知识来解释：室内空气中的水分子遇到冰冷的窗玻璃，冷凝成水珠。这种现象，在冬天的早上经常能看见。

事关深潜器和下潜人员的安全，早在设计之初，"蛟龙"号的设计者们就已经计算过深海的压力，选择了最可靠、最安全的材料，而在安装观察窗之时，"蛟龙"号团队也请来了中国船舶重工集团公司最优秀的技术人员。

安装"蛟龙"号的观察窗可不像日常生活中安装门窗那么简单，对玻璃与金属窗座的贴合精度要求非常高。观察窗与海水直接接触，在深海承受的压力相当于成百上千吨东西压在上面。此外，观察窗的窗玻璃与金属窗座是异体镶嵌，并不是一体成型的，如果两者贴合的精度不够，窗玻璃处就会产生渗漏，所以必须把玻璃与金属窗座之间的缝隙控制在0.2丝（约为一根头发丝直径的五十分之一）以下。

下潜到2740多米的时候，叶聪说："快到底了，抛载。"

此时是上午10点19分。

第七章

抛载之后

要理解"抛载",先要理解"蛟龙"号下潜的原理。

　　我们知道汽车、飞机都需要燃料来提供快速运行的动力,那么作为出入深海的交通工具,"蛟龙"号依靠什么样的燃料来运行,从而把科学家送到指定的科学考察地,再把他们带回海面的母船呢?

　　答案或许出乎你的意料,"蛟龙"号的下潜和上浮主要依靠的不是燃料,而是海水浮力。在它下潜之前,"蛟龙"号的维护团队会根据下潜区域的海水密度、下潜深度等计算好浮力和压载铁的重量,早早为它安放好压载铁,增加其重力。"蛟龙"号到达海面后,潜航员也会通过往压载水舱注水来增加它的重力。

当重力大于浮力时，"蛟龙"号自然就能实现下潜。当需要终止下潜或上浮时，潜航员只需要定好方向，便可抛掉压载铁，使"蛟龙"号的重力等于或者小于浮力，让它不再下潜，或逐渐浮上水面。"抛载"，指的就是抛掉压载铁。这是多么精妙绝伦的设计——利用浮力，便可控制一个 22 吨重的潜水器自由下潜和上浮。

我曾认真观察过"蛟龙"号的维护团队安装压载铁。他们会提前做好准备，如果下潜人员 8 点进入"蛟龙"号，他们在 7 点左右就完成工作了。第一次看到压载铁时我还颇感意外，因为它们看起来十分普通，像几块大砖头。维护团队的一个队友告诉我它就是铁块——按照一定尺寸进行加工的方形铁块。压载铁要安放在"蛟龙"号两侧，非常重，所以每次需要 8 到 10 人，并利用叉车才能完成安放。在目前的技术下，抛载后的压载铁没法循环使用，它们在助力"蛟龙"号完成一次下潜使命后，就永远留在了海洋深处。

"蛟龙"号的压载铁分为两组，每组两个铁块：一组是终止下潜的压载铁，放在最外侧；一组是上浮压载铁，放在内侧。

当"蛟龙"号在下潜接近预定深度或者距离海底 50 米左右时，潜航员会启动第一次抛载，将放在外侧的那组终止下潜的压载铁抛入海中，使潜水器的重力大大减小，在一定深度上与浮力达到平衡，这样深潜器会很快减速，既不会继续下潜，也不会上浮，最终在水中悬停。抛掉终止下潜的压载铁就相当于让行驶的汽车"停车"，这时潜航员就可以操作机械手，开始海底作业。等海底作业全部结束，需要上浮到海面时，潜航员就通过抛掉上浮压载铁，让深潜器浮出水面。也就是说，下潜过程中通常会分两次来抛载。

这一次，"蛟龙"号下潜到 2740 多米时第一次抛载，抛掉了终止下潜的压载铁，很快，"蛟龙"号就稳稳地停在海水中了。此时我们悬停的深度是 2768 米。根据显示屏上的测量数据，我知道此刻"蛟龙"号离海底大约 6 米，约两层楼高。

悬停定位是"蛟龙"号独特的优势。一旦在海底发现目标，"蛟龙"号不需要像大部分国外深潜器那样坐底作业，而是由潜航员"驾驶"深潜器抵达相应位置，"定住"位置，与目标保持固定的距离，方便机械手操作。要知道，悬停在水中作业会面临各种因素的干扰，比如海底洋流会导致深潜器摇摆不定，机械手运动时也会带动深潜器晃动，而"蛟龙"号能克服内外干扰精确地"悬停"，实属不易。在已公开的信息中，尚未见到有国外深潜器具备类似功能。

那"蛟龙"号距海底 6 米的距离是怎么知道的呢？这是通过超短基线定位系统测量出来的。超短基线定位系统是"向阳红 09"号母船对"蛟龙"号进行实时定位、跟踪其水下作业运动轨迹的重要设备。"蛟龙"号在水下时，每 8 秒发出一次声学信号，信号到达母船上的各接收传感器时，会有先后顺序，利用这种时差，超短基线定位系统就能计算出"蛟龙"号的具体位置、所处的深度以及与母船的距离，从而为"蛟龙"号定位。

悬停之后，我们的第一个任务就是去完成本次取样作业清单上的第一项——取水样。傅文韬轻而易举地就完成了这个操作，取到本次下潜的第一个样品——海水。

第八章

海底外太空

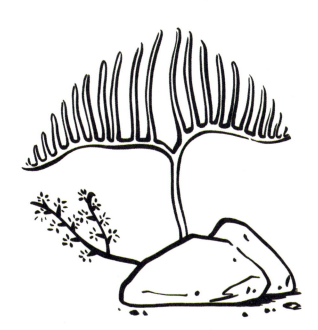

　　观察窗外，在探照灯的照射下，一大片白色沉积物跃入视野，如同海边的银色沙滩。我的脑海中瞬间浮现出宇宙飞船航行于外太空的景象。

此时此刻，我们真的就像到了海底的外太空。难怪人们喜欢把"上天"和"入地"联系在一起，两者的景象确实非常相似。

说起两者的联系，不能不骄傲地提一下，我们在海底还真的能实现跟外太空的联系呢。早在 2012 年 6 月 24 日，在"蛟龙"号 7000 米深潜试验 [①] 成功的时候，"蛟龙"号的潜航员和"神舟九号"宇宙飞船的航天员曾进行过跨越海天的对话。

窗外像外太空一般宁静美好的风景，吸引着我再次从座位上起来，跪在观察窗前，唯恐错过海底每一秒的美景，也唯恐错过我心心念念要采集的岩石样品和生物样品。借助"蛟龙"号的一排探照灯，我发现这片白色沉积物中还点缀着少量黑色结壳露头（地质学上把岩石露出地表的地方称为露头），一种无法言说的美和惊奇瞬间攫住了我的心。

我忍不住一迭连声地赞美起来："哇！好美！"当傅文韬听明白我是在夸赞那些黑色的结壳露头时，感到十分意外，便问："这一个个铁疙瘩似的，美在哪里？"

我这才意识到自己看石头时是戴着地质科研工作者的滤镜，常人眼里那些平平无奇甚至丑陋不堪的石头在我眼里全都是宝

---

① 在这次深潜试验中，"蛟龙"号最终下潜深度达到 7020 米，这意味着中国可以在全球 99.8% 的海域进行载人深潜作业，也创造了当时世界上同类作业型潜水器的最大下潜深度纪录。

贝。这些黑色结壳就是富钴结壳——主体是铁和锰的氧化物，但钴的含量也比较高。制造某些强力磁铁、光电电池、太阳能电池、超导体，还有一些精密的医疗设备等，都需要用到钴。除了钴之外，富钴结壳里还含有镍、铜、锌、铅、铂以及稀土元素。我笑着解释说："这大概就是地质科研工作者的'情人眼里出西施'吧。"

我又仔细观察了一下"蛟龙"号所处的环境：它右侧是采薇海山西侧斜坡的一个低洼处，覆盖着比较厚的沉积物，就像陆地上土壤丰富的山——在岩石表面覆盖着一层厚厚的泥土；左侧则是小的山脊，多为结壳和岩石。令人感慨的是，就在海山西侧山坡这么一个很小的范围内，地形、地貌也迥然不同。

取完水样，我们准备沿采薇海山西侧往上爬坡，寻找岩石和生物样品。执行这次下潜任务的"傅立叶"三人组的分工是这样的：叶聪掌控全局，并一边进行高清摄像，一边观察左侧的地形；傅文韬作为主驾驶，主要负责控制"蛟龙"号的爬升、操作机械手取样，同时观察"蛟龙"号前方的地形和生物情况；而我作为科学家，根据下潜前指挥部确定的任务，结合实际情况，决定哪些东西可以成为我们带回海面的样品，并负责观察右侧的地形，搜查生物样本，对我们观察到的生物和地质情况以及采样情况进行记录、拍照。

两分钟后，我和傅文韬、叶聪几乎同时被右观察窗下方一个漂亮的生物吸引了。它色白如雪，整体呈蓬松状，远远望去，宛如一朵盛开在海底的白玫瑰。我们三个人一致认为它是玻璃海绵的一种。玻璃海绵是生活在动物王国食物链底端的古老生物，生长速度非常缓慢。我们决定带走它。

　　傅文韬操作推进器，先让"蛟龙"号转了90°，接着，"蛟龙"号便坐底了。

　　此刻，屏幕上提示深度为2774米。

　　我们已经抵达了采薇海山的山脚下。

　　傅文韬跪在主观察窗前，操作机械手，顺利地取下了这株玻璃海绵。我全程观察了傅文韬的取样操作，心下感慨这可真是个技术活。之前就听说，他操作机械手的每一个动作都经过成千上万次练习，仅一个抓取动作就要练一周。他自己也曾说："那段

时间除了吃饭、睡觉，就是操纵摇杆。从最初抓大件物品，到后来抓起矿泉水瓶向瓶口粗细的管子里倒水，这些都是苦练出来的。"凭着这股倔劲，傅文韬操作起舱外笨重的机械手来如同控制自己的手臂一般，能灵巧地抓取各类样品，几乎是人"机"合一。这一点着实让人钦佩。

采到玻璃海绵之后，我们又在附近取了一块岩石样品，便继续向海山进发。傅文韬操作推进器，"蛟龙"号沿着采薇海山往上爬升。

在海底作业时，推进器能使"蛟龙"号自由进退，但操作它是需要动力来源的。推进器及其他仪器运作的动力来源是电。因为"蛟龙"号容量有限，不能携带太重的燃料，设计师们最终的解决方案是使用银锌蓄电池——这是当时国际上潜水器里使用的容量最大的电池之一，且体积小、重量轻。这样不仅可以减轻"蛟龙"号的重量，而且能储存超过 110 千瓦时的电量，保障"蛟龙"号在水下工作更长时间。

利用推进器，"蛟龙"号开始在采薇海山西侧山坡上爬坡，进行岩石、矿产和生物多样性考察。如果能从"蛟龙"号外面来看它爬坡，或许会觉得它更像一架小型直升机在山坡上飞行。

第九章

海底花园

幽深的海底，没有阳光，没有花草树木，怎么会有花园？

答案或许出乎你的意料。海底的海山区域吸引了大量生物，如甲壳类动物、软体动物、海绵、海葵、深海珊瑚等，是海洋中重要的生物栖息地。科学家们发现，这些海山上虽然寂静但不寂寞，珊瑚、海绵摇曳生姿、色彩斑斓，鱼虾在珊瑚丛里快乐游走，如同鸟儿穿过林梢，一派生机盎然的景象，仿佛陆地上的花园，因此称之为海底花园，也是名副其实。

早就听之前下潜的科学家描述过，海底花园里珊瑚和海百合美得惊心动魄，我做梦都向往这样世间罕见的美景，甚至还期待邂逅一大片色彩斑斓的珊瑚林。

　　"蛟龙"号继续爬坡，此时深度为2700多米，我望向观察窗外，仔细地搜寻着。显然，我的运气还不错，很快就又看到右观察窗外有一株漂亮的海绵（这不是家里洗碗用的海绵，洗碗海绵是纤维素或聚氨酯等高分子材料经发泡制成的人工制品）。我赶紧告诉傅文韬和叶聪。他们看了看这株人见人爱的海绵，确认此前没有采过同类样本，一致决定把它带回母船上的实验室——海洋生物学家一定会喜欢它的。海绵是海洋里的古老居民，在寒武纪之前就已经出现，距今至少有6亿年。

　　傅文韬再次让"蛟龙"号悬停，接着操作起机械手。取样非常顺利，机械手伸过去的时候，它还是那么一动不动地在那里，让人以为那就是开在海底的一朵花。然而它却是如假包换的动物，只不过身体非常简单，没有头，没有尾，没有躯干和四肢，也没有任何器官，甚至没有神经，不能像小鱼小虾那样随心所欲地游走，一直在海底过着固着生活，就像一朵花、一棵树那样固定在某个环境里，哪怕遇到危险，也不能拔腿就跑。我不是海绵，不知道它在海山上度过了多长的岁月，也不知道它一生中有怎样的离奇经历。

　　傅文韬操作机械手将海绵放进采样篮的瞬间，我赶紧记录时间、水深并拍照。拍照的时候还真是费了点时间，不是因为拍照工具不好用，而是我操作不熟练。2013年4月，我在无锡接受培训时练习过一次；深潜前一天，又跟唐嘉陵到舱里练习了一次；这是我第三次摸到这个拍摄机器。它的操作器有点像电子游戏的手柄，按动上面的按键可以控制摄像云台转动。初用的人把握不好，无法一键到位，需要一边上下左右不停地按方向键，一边观看右舷上方高清摄像机显示屏中的实时画面。只有当显示屏上的目标物被锁定在拍摄框内时，才可以按下快门键。刚拍摄的时候，我还拍虚了一张，赶紧重新操作一次，

这才拍出一张过关的照片。但我还是不放心，总怕拍的照片质量不高影响后期科研时使用，就对着目标物"咔嚓咔嚓"又拍了几张，想着总会有一张好的吧。

这一带沉积物和结壳很多，也有一些岩石出露的地方。只要有合适的露头，方便机械手扒下来，我们就准备采集作为地质样本。当然，最合适的采样点还是在有断崖的地方，这里沉积物覆盖得比较少，富钴结壳也分布得不多。沉积物和富钴结壳是靠沉积作用形成的，很难自上而下地在垂直的断崖上沉积，所以断崖上容易露出海山的基岩。

采薇海山的基岩包括黑色坚硬的玄武岩，可以说玄武岩无处不在，只是藏起来了。我正在做西太平洋海山形成演化的课题，需要玄武岩样品。虽然我从前辈、同事那里获得过一些，但还没有比较纯净的。采薇海山的每一寸土地上都有我想要的玄武岩，既入宝山，怎能空手而归？我把搜寻玄武岩的要领跟叶聪和傅文韬说了一下，这样我们可以更精准地锁定目标物，提高效率。

傅文韬驾驶"蛟龙"号慢慢上升，突然，我的视野里出现了一片小小的、陡峭的断崖，就像用斧头精心削出来的。我的观察窗视野有限，便凑到傅文韬的观察窗前。没错，这就是断崖！我心中一喜，暗暗希望能早早将玄武岩样品收入囊中。

　　但是，等靠近些再仔细一看，那层状的断面让我心里升起一丝隐隐的怀疑——断崖上的岩石恐怕不是玄武岩。我真希望自己的判断是错的，于是请傅文韬用机械手去拨一下断崖的底层。傅文韬如同伸出了自己的胳膊和手，在那海山断崖处一点点扒拉着，感受着岩石的质地。我的心也随之提到了嗓子眼。

　　"啊，碎了！"傅文韬轻声说。

　　其实没等他说出来，我已经看见了——机械手扒拉下来的岩石块碎了。虽然只是隔着窗观察，不能亲自上手去摸一摸、捏一捏，但从岩石破碎且呈层状的断面来看，我基本可以下定论了：这绝不是玄武岩，很可能是磷块岩。可惜的是，磷块岩不能用来研究海山的形成和年龄。

　　此刻，屏幕上显示的水深数据是 2700 米，"蛟龙"号还在继续爬坡。

　　突然，我们看到了一株白色的海绵，形态像极了一只长筒袜，洁白无比，轻盈透亮，如用银线织就。在深海早已见多识广的叶聪也是第一次见到这种海绵。我们根据它的形态特点，

给它取了个外号叫"丝袜海绵"。傅文韬用机械手把它轻轻抓住，放到了采样篮里。

我继续看着观察窗外，发现了许多千姿百态的海参、海葵、海百合、海星、珊瑚、鱼、虾……胖胖的海参有很多不同种类，有的背上长了几个"鳍"，就像鸡冠一样，有的还翘着长长的"尾巴"。这些对叶聪和傅文韬来说早就不足为奇了，我却像初进大观园的刘姥姥一样，见什么都觉得无比新鲜有趣。最令我惊奇的是各种各样的海底固着生物，它们有根，像花一样长在海底。有的晶莹剔透，纯净无比；有的鲜艳欲滴，美得惊人。它们不是植物，但形态和植物相似，很像没有叶子时期的彼岸花，只有一根茎托着一朵花。

在海山这个浪漫的海底花园里，各种生物以独特而美丽的色彩和姿态，给寂静的海底带来生机和活力。不过，这些深海生物的生命力其实特别脆弱。由于深海自然条件的限制，它们的生长率低、繁殖力差，难以承受人类频繁的大规模侵扰。那些千姿百态的珊瑚和海绵一旦遭到破坏，往往需要几十年甚至数百年时间才能恢复。为了保持海底生物多样性，我们在取样时尤其需要谨慎，不能毫无节制，原则是"非必要不带走"。希望在很久以后，我们的子孙后代依然能在深海里见到美丽的海底花园。

第十章

小怪物

视野里，突然出现了一只白色海葵，有六条腕，腕顶端的口盘上是密密麻麻的深褐色触手，像是白色的胳膊上戴了深褐色手套。说实话，它给我的第一印象是丑丑的，活像一个趴在海底的小幽灵，完全不像之前看到的海葵。

　　海葵的辨识度比较高，通常拥有鲜艳夺目的颜色，是一种低等的无脊椎动物。它们身体的底部是基盘，可以附着在海底的岩石上，顶端是口盘，口盘上有触手，非常柔软，可以在海水中自由地向四周伸展和摇摆，犹如美丽的向日葵，这便是海葵名字的由来。海葵"懒"得出奇，很少自己移动，只有当猎物碰到它们的触手时，才会把猎物送入位于口盘中央的嘴里。

　　傅文韬和叶聪也看见了这只特别的海葵，说之前从来没有见过这个种类。我们决定带走它。

　　傅文韬操作机械手伸过去，刚要"下手"，小海葵似乎感觉到机械手的"企图"，马上向前爬去。

　　"咦?"这一幕出乎意料，引得舱内的我们好奇心大起，不由得都凑近了观察窗。海葵为什么突然"拔腿而逃"，难道它能意识到危险来临，在躲机械手?但它连最低级的大脑基础也没有，根本不会思考呀!

　　我们继续观察。

　　原来这只海葵本身并没有动，而是一只寄居在它身体里的寄居蟹在带着它"逃跑"。傅文韬操作机械手时惊动了寄居蟹，为了自保，它背起海葵就跑。

　　海葵与寄居蟹是一种共生关系，说白了就是互相帮助。海葵的触手上长着有毒的刺细胞，可以当作武器，保护自己和寄居蟹的安全。而寄居蟹能灵活自如地爬行，可以带着海葵四处移动，有利于海葵觅食。这也很好地解释了为什么海葵"懒"得出奇却不会饿死。

　　这只寄居蟹带着海葵爬行的样子让人忍俊不禁，它们的组合看起来像个头重脚轻的小怪物：几条红色的蟹腿急促地摆动，背上是比寄居蟹大得多的长着密密麻麻触手的海葵，感觉寄居蟹不堪重负，下一秒就会整个翻过来。

　　为了抓取这个从没见过的小怪物，傅文韬着实费了点功夫，因为目标物是活动的，抓取的难度大大增加了。我们眼看着机械手终于抓住了它，但就在准备将它放进采样篮里的时候，不

知道是它挣扎了一下，还是机械手松动了，总之它就那么不偏不倚地掉进了两个生物采样篮之间，让我们干着急。

傅文韬几次控制机械手去捡，竟然都没有成功，机械手在这时候突然失灵了一般。我们一筹莫展。傅文韬放弃了机械手，尝试用沉积物采样器去推它，想等它掉下去再抓，但怎么也没法将这个小怪物推下去——它稳稳地趴在那儿，一动不动。

这小怪物可真是聪明，为自己找了个安全的好地方，把我们"傅立叶"组合三人都难住了！如果它知道我们为了它而急得团团转，也浪费了不少宝贵时光，一定会为自己的机智和幸运而狂笑起来吧！

正无计可施之时，我突然看见"蛟龙"号前端承托采样篮的是一排栅栏般的金属条，彼此之间有巨大的空隙。一个想法迅速冒出来：只要把这个小怪物从采样篮之间的缝隙里晃下去，让它落到水里，我们的机械手就可以再次派上用场了。如果让"蛟龙"号动起来，小怪物就会被晃下去吧？

我提议傅文韬试试这个方法。他立即行动起来，把"蛟龙"号向上开了一点。我们本以为马上就能让这小怪物在采样篮的缝隙间无法立足，成为我们的囊中之物，谁料我们根本无法操作机械手：眼前这片小小的区域内瞬间沉积物飞扬，视野中一片"烟雾"。

我暗道一声"坏了"，万一小怪物也像《西游记》里诡计多端的妖怪一样趁乱逃跑了怎么办？

等不及尘埃落定，我们三个人都瞪大眼睛望着观察窗外，紧急搜索。终于，我们在"烟雾"中再次发现了目标——小怪物刚好被水流带到"蛟龙"号前面，出现在中间观察窗的正前方。

我们稍微向前追踪了一下，傅文韬操作机械手稳稳地抓住了它，小心翼翼地把它放进了生物采样篮里。

又一件样品收入囊中！我终于长舒一口气，不禁感慨这次复杂的取样过程是以往任何深潜工具都不可能实现的，也体现了"蛟龙"号非常优秀的现场追踪能力。

在接下来的作业中，我们利用"蛟龙"号优秀的现场追踪能力和机械手灵敏抓取样品的能力，又取到了很多有价值的生物样品，其中一些我都叫不上来名字。

神奇的是，我看到了好几只红色的虾，跟我们平时煮熟了的虾一样，我开玩笑说只等调点醋便可上餐桌了。它们依靠小爪子前后不停地划动来游走，着实可爱。

为什么深海的虾会有着鲜艳的红色身体呢？原因是深海跟丛林一样，处处都有捕食者虎视眈眈。深海虾身体的红色其实是一种保护色，帮助它们逃开捕食者的捕猎。你也许会觉得奇怪，海水是蓝色的，红色在蓝色的背景下不是更醒目吗？

其实，在海水中，蓝绿色的光有着最强的穿透力，而红色的光却会很快衰减。因此，许多深海生物对红光不敏感，会发出蓝绿色光来照明或者传递信息。由于红色物体对蓝绿色光的反射率很低，这些红色的虾在捕食者蓝绿色的光照下会呈现出黑色，它们就可以更好地融入深海近乎黑色的海水中，从而避免被捕食者发现。

在我们作业的区域，鱼虾并不多，当探照灯打开时，那些鱼虾各自悠闲地、缓慢地游着，仿佛这个世界里只有它们，丝毫不在意"蛟龙"号这个陌生的庞然大物。即便探照灯的灯光射向它们，机器的声音萦绕在它们的耳畔，它们似乎也不为所动，偶尔有一两只虾贴着我们的观察窗游过去，却好像根本看不见窗后的我们。

在深海，大多数鱼和虾不会通过眼睛来看"蛟龙"号和我们。"眼睛是心灵的窗户"这句话完全不适用于它们。在黑暗的环境里，它们主要依靠其他器官生活。为了适应残酷的生存环境，它们的眼睛已经退化。颜值并不重要，生存才是第一要义。

大自然给每一种生物都设置了独特的生存方式，为了更好地生存，所有的生物，包括我们人类，都在不断进化。比如，很多深海生物有着透明或深色的身体，这样它们就能在黑暗的环境中隐藏起来。再如，深海生物通常具有柔软的身体，以抵抗深海的高压；还有一些深海生物拥有长而灵活的触须，能在黑暗中探测环境和捕捉食物。

　　我们并不打算带走窗外这些偶尔路过的鱼虾，所以也没有"挥动"机械手惊扰它们。它们和我们擦肩而过，相安无事。

第十一章

魂牵梦萦的珊瑚

时间在繁忙的取样作业中飞逝，转眼已经到了下午，早就过了吃午饭的时间。我的包里有下潜前统一发放的巧克力和坚果，但我并不觉得饿，也没有心思吃东西，心里一直惦记着任务清单上的各种深海样品，放松不了。早上出发前我只吃了一个煮鸡蛋和几块饼干，滴水未进。载人舱空间狭小，没有卫生间，所以从出发前一天的晚饭后我就停止喝水了，这样可以保证下潜过程中不用上厕所。我怕自己会习惯性地去拿水杯喝水，还特意把水杯藏了起来。

　　下午1点23分，我们又有了新的收获。傅文韬操作机械手再次精准地取下一株海参，放进采样篮里。我们简单复盘了一下成果，确认王春生[1]老师委托我们取样的生物品种已基本收入囊中，只缺一种海鞭珊瑚了。这种珊瑚的特征非常明显，颜色鲜艳，如同一条长长的鞭子。

从抵达海底开始取样以来，我们"傅立叶"组合不曾有半点松弛。凡"蛟龙"号所经之地，我们都像扫描仪一样非常精细地"扫描"过一遍，三双眼睛牢牢地锁定各自负责的区域，但一直没有发现海鞭珊瑚。

一般来说，下午3点就得返回海面。从现在起，海底作业开始倒计时了。我们决定不再把时间、精力放在其他生物的取样上，就算看到也只拍照做记录，而是扩大范围，重点搜寻王老师心心念念的海鞭珊瑚。

在此前的潜次中，下潜的科学家和潜航员从采薇海山东侧山麓带回过珊瑚样品，他们在报告中总结说：采薇海山东侧巨型底栖生物的丰度[2]高，种类与数量有成带分布趋势，在2350米至2250米水深段出现了高丰度的冷水珊瑚[3]。"蛟龙"号自抛载后慢慢向上爬升，此刻已从坐底时的2774米来到了2300米

---

[1] 王春生是"蛟龙"号第31航次第二、三航段的首席科学家。北京时间2013年8月10日，他曾随"蛟龙"号下潜，成为我国第一位乘坐"蛟龙"号进行科学下潜的科学家。
[2] 这里的丰度指生物在单位面积内的数量，用来衡量某一区域生物的密集程度。
[3] 冷水珊瑚主要生活在冷水中，一般是缺光或无光的深海环境里；与之相对的暖水珊瑚一般生活在温暖的浅水里。

处，与报告中提到的水深差不多。我希望在西侧山坡也会有好运气，能邂逅珊瑚。

傅文韬操作"蛟龙"号继续往采薇海山上爬升。我们瞪大眼睛，仔细"扫描"海山的每一寸地盘，生怕错过海鞭珊瑚。

　　一路上，我们看到好几只海参和不同形状的海绵。我都一一拍了照，只是一些鱼和虾游得太快，照片拍得不太清晰。

　　功夫不负有心人，终于在下午2点零5分，一株美丽鲜艳的珊瑚突然闯入我们的视野。隔着观察窗远远看去，它就像一枝开在深海里的粉色花朵，静静地守护着这一片寂寞的海。它的"枝条"长得惊人，我猜测至少有2米。长"枝"上簇拥着喇叭状的"小花"，在黑色石头的映衬下，显得格外艳丽。看见它这个模样，我几乎忘记了它原本是一种动物——一种没有眼睛、没有耳朵也没有大脑的极为原始的动物。这株珊瑚是什么时候生长在这里的呢？又是怎样应对这孤独的深海生活的呢？我没有答案。这一刻，在静静的深海里，我与一株珊瑚相看两不厌，时间仿佛都凝固了。

载人舱里原本紧张安静的气氛突然被这株珊瑚打破了。它一定就是王老师想要的海鞭珊瑚了。想到我们得将这株珊瑚截断才能带走，我有些不忍心。

理性的潜航员傅文韬没有丝毫犹豫，动作敏捷地控制着机械手去靠近它。这时，一只红色的小虾游了过来，顺着机械手的摆动，向珊瑚游去，仿佛在向这个即将去往陆地的同伴告别。傅文韬很小心地将这株珊瑚取了下来，放入采样篮里。

我回过神来，轻轻舒了一口气。

第十二章

搜寻玄武岩

在搜寻海鞭珊瑚时，我们仍然不忘重要的任务——搜寻玄武岩。能留在深海作业的时间不多了，想到可能会空手而归，我不免有些焦急。但海鞭珊瑚的出现让我莫名兴奋，它似乎是一个好兆头，预示着也许在某个瞬间，我梦寐以求的玄武岩也会如约而至。

叶聪和傅文韬非常理解我的心情，说要重点帮我突破玄武岩的取样，格外留意舱外的岩石。只是玄武岩比珊瑚隐蔽多了，跟我们躲猫猫一样，要么藏在沉积物之下，要么在某个不起眼的断崖上只露出一点点来。我打趣地说，我要做海底的福尔摩斯，用侦探的火眼金睛和推理能力，寻找玄武岩的蛛丝马迹。

断崖处是搜寻玄武岩最理想的地方，我们不停地寻找断崖，一看到，傅文韬就用机械手去碰触，可惜每次都推翻了我的猜测。大部分山脊上都是大片的结壳，低洼的地方都被沉积物覆盖，露出一些结壳或者岩石的表面，但都不是玄武岩的露头。

距离抛载上浮的时间越来越近，我们三个人讨论了一阵：生物学家交代的样品采齐了，矿产资源的样品也有了，就只差我想要的玄武岩样品了。

为什么要费尽心思地跑到几千米的海底来取一块玄武岩样品呢？作为地质科研工作者，我需要采集原位（也就是原地）的样品。不同地点的岩石代表不同的岩浆事件，喷发时间、喷发原因、喷发过程都是不一样的。而且，海底玄武岩和陆地玄武岩在性状上有很大区别。陆地玄武岩有致密的，也有气孔状的。气孔是玄武岩在冷凝固结之后，里面的气体喷发出来形成的；随后，碳酸盐和二氧化硅等又会填充原有的气孔，形成一些特定的构造，比如杏仁状构造。而海底的玄武岩一般就比较致密。研究太平洋海底的玄武岩，可以帮助我们分析太平洋板块下的深部地质过程，推断海山的年龄和形成演化过程，也能为海底矿区勘探提供一些基础的地质研究资料。

"蛟龙"号还在海山上继续寻找，我们恨不得对西侧山坡进行一场地毯式搜索，但是时间不允许。如果到了抛载时间还没有找到合适的地方采样，那也只能放弃——下潜人员必须遵守的作业规程之一就是在执行下潜任务期间，水面指挥部要求返航时，必须立即无条件返航。

突然，前面像是出现了一个疑似目标，我按捺住兴奋，告诉了傅文韬。等他驾驶"蛟龙"号小心翼翼地靠近后，我又仔细观察了一番。遗憾的是，它跟之前采集过的磷块岩一样——远远看去几乎能以假乱真。

我们只好掉头继续寻找。我一边紧盯观察窗外，一边暗自诧异所见的景象。虽然之前便知道采薇海山斜坡上有沉积物覆盖，但不曾想到竟有这么厚，有的地方感觉有好几米，以至于作为海山本体的玄武岩出露很少。

过了一会儿，我又发现前面有一处断崖，便立即指着目标物告知傅文韬，他敏捷且平稳地将"蛟龙"号开过去。距离越来越近了，我的心跳也骤然加速。这断崖看起来坚硬致密，是高度吻合海山玄武岩特征的，我比任何时候都急切地希望梦想成真。

"蛟龙"号悬停后，傅文韬迅速操作机械手去取样，但目标物太大，就像一堵小小的墙，机械手有点无从下手。我紧紧地盯着机械手的每个动作，张开，合拢，再张开，再合拢……在舱内不到 20 摄氏度的温度下，我的手心都出汗了。

傅文韬沉着地操作着机械手，尝试着用各种角度、不同力度，期待能抓握住岩石，可惜都没能成功。

坐在他右侧的我心里其实很焦急，但努力不表现出来，怕干扰他的工作。说实话，我真恨不得出舱拿地质锤敲一块下来，再不行有个浅钻也好，让机械手直接操作它去钻一段岩芯①。地质锤是地质工作者背包里必备的工具，与罗盘和放大镜一起被地质工作者称作"三大件"，在荒无人烟的野外，找方向、看图、采样和观察标本等地质勘查工作可离不开它们。必须声明的是，下潜时我们的背包是统一发放的，随身携带的东西基本也是固定的，这"三大件"并不在携带之列，也就是说我手头并没有地质锤。

傅文韬没有放弃，仍然专注地操作着机械手。时间在一点点流逝。但是，我已经看出来了，机械手在这个硕大的目标物面前没有胜算的可能。我又看了看显示屏上的时间，无奈地叹了口气，说："还是放弃吧。"

叶聪也赞同我的意见，因为时间有限，与其在这一处死磕，不如放弃这块硬骨头，赶紧找下一个机会。

傅文韬沉思了一下，松开了机械手。他转头安慰我说，一

---

① 根据地质勘查工作或地质工程的需要，科研人员使用管状钻头等工具，从地层中取出的圆柱形岩石样品，就是岩芯。

定会帮我取到玄武岩样品，决不让我空手而归。没想到，他对玄武岩的执着完全不亚于我。这份执着让我有点惊讶，我想起在这之前的作业中，我们还曾为一株紫色的海参发生了一点分歧，当时我特别希望他能把那株海参采下来，他却波澜不惊，坚定地说之前采过，不必再采了。

　　我们能留在深海的时间越来越少了，按要求，应该在下午3点抛载上浮。

　　显示屏上的时间已经到了下午2点53分，离抛载上浮还有7分钟，我们能再次遇见玄武岩吗？我很不甘心，但也只得做好心理建设：得之我幸，失之我命。

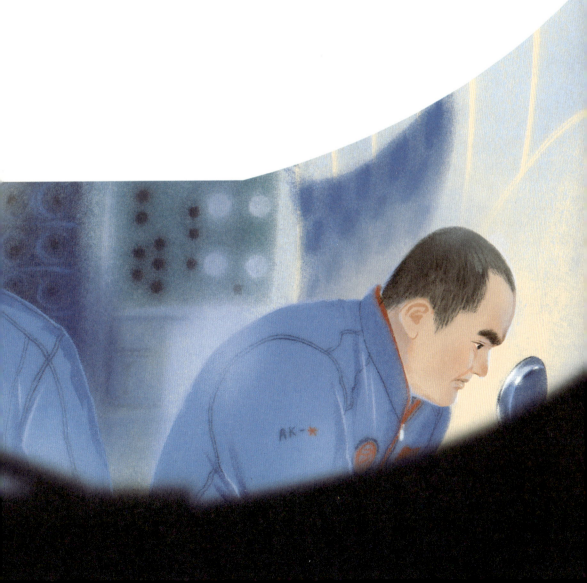

第十三章

最后一次尝试

下午2点59分，在2100多米水深处，我们再次邂逅了一个有极大可能性的目标物——一处很像玄武岩露头的断崖。

　　"傅立叶"三人组一致决定，马上行动。

　　时间不等人，这应该是我们离玄武岩最近的一次。此刻，舱内的气氛几乎凝固了。

　　"千万不要出现刚刚那种无从下手的情况！"我祈祷着。

　　叶聪微微向前欠身，从主观察窗向外望，盯着机械手，并提醒我将照相机上调一点点，避开机械手。

　　傅文韬坐在主观察窗前，神色冷峻，右手灵活地操作着机械手。

　　我几乎把脸贴在观察窗内壁上，盯着机械手的每一个动作。如果你曾看着同伴操控着"抓娃娃"机终于抓住一个布娃娃慢慢地移动，你的心高悬着，生怕到手的布娃娃又掉下去，或许就能理解我此刻的紧张心情了。

　　机械手灵巧地伸出、张开，调整，再调整，终于角度和力度都对了！它有力地抓住了一大块岩石。

"幸运！"我的脑海里瞬间划过这两个字。同时，傅文韬的声音在耳边响起来："啧，这大块头还挺硬的呢！"我回头看了他一眼，模糊的光线里，只见他的眉头微微皱起，正是一个人抓握重物、硬物的那种自然而然的反应。

听到这句话，我心里更添了几分把握。但是这块岩石究竟是不是我们"众里寻他千百度"的玄武岩呢？只有回到母船上验明身份后才知道。隔着玻璃窗和海水，我不能上手摸到它，亲自感知它的质地和重量，一切都只能凭经验去判断。

很快，机械手的几根"手指"握紧了，然后"关节"一收缩，把抓住的岩石样品向采样篮送过去……

这一番操作如行云流水，仿佛是舞台上最美的一支舞蹈，赏心悦目。

尘埃落定。

此时是下午3点零2分，我们没有任何犹豫，决定抛载上浮。

约定上浮的时间是下午3点，估计母船指挥部的人刚刚也捏了一把汗，盼着我们早点平安返回吧。

令人难忘的第一次深海科学考察即将结束，事先计划好的下潜任务清单上的所有样品都取到了。虽然最后一分钟里取到的岩石样品待验明正身，但经验和直觉都在告诉我，它就是我要的玄武岩！

我兴奋地望着窗外的采薇海山，心下感叹起自己跟它这番妙不可言的缘分来。它在这里可能已经静静地待了百万年、千万年，而我是第一个到采薇海山西侧来做地质考察的人类。我想起《人类群星闪耀时》中那个冒险者巴尔博亚在发现太平洋时的心情，他"望了又望，自豪而幸福地意识到自己是第一个把大洋无尽的碧波尽收眼底的欧洲人"。我的心情大概与他也别无二致，充满着自豪和幸福。不过，与他不一样的是，我们来到这片神秘深海是为了探索，为了拓展人类知识边界，而不是为了占有深海财富。

我忍不住把窗外的海山望了又望，默默地在心里说了一句：再见，采薇海山。

第十四章

满载而归

抛载！

傅文韬一个简单的操作，出发前安装好的第二组压载铁——上浮压载铁便无声无息地坠落在深海里。至此，"蛟龙"号上的两组压载铁已全部卸载，它瞬间变得身轻如燕，在海水的浮力作用下，开始轻松上浮。

上浮和下潜时速度差不多，舱内是恒压的，坐在里面很平稳，就跟乘电梯一样。

窗外，深海仍然如长夜般寂静无声，"蛟龙"号按照设定好的路线和速度向海面上"行驶"。如果继续留意窗外，我们将会看到它从深层带逐一穿越暮色带、光合作用带，如同从黑夜走向黎明。预计1个多小时后，我们便可以重回海面那个光明的世界。

　　半天的海底作业时间一晃而过。抛载上浮后，我才发觉由于长时间跪在观察窗前，腿已经非常酸痛了。舱内又湿又冷，我拿出记者王凯博借给我的厚外套穿上，又把毛毯盖在腿上。

　　我已经快10小时没吃东西了，腹内空空如也，但是脑子里始终满满当当，海百合、海星、海葵、玄武岩、水深、温度等五花八门的信息不断争夺着我的注意力。我吃了些巧克力和坚果，又投入到工作中，开始整理观察记录、取样记录和获得的数据，准备回去后汇报。这个汇报很有意义，既是对本潜次生物、地质调查的科学记录和思考，也可以为后面下潜的人员提供借鉴和参考。

　　对于地质科研工作者来说，跑野外采集样品、记录数据只是科研全流程的前端，是最基础、最简单的部分，后端的研究过程则更漫长、更艰难——需要对样品进行实验、测试、分析，得出数据，进行讨论，得出结论，发表科研论文——这也是科研工作中最核心的部分，将最新的研究成果与同行和大众交流，帮助人们更好地认识我们的地球。后来以此次出海样品的研究为基础，我成功申请了两个国家自然科学基金的课题，这注定是我人生中最重要的一次跑野外。

上浮的过程一切顺利，舱内的气氛也比较轻松。我一直埋头整理资料，完全没有注意到其他人和窗外的情况。等我忽然反应过来的时候，窗外渐渐有了微光，如同在陆地上黎明到来时睁眼，惊觉东方既白。此时资料整理工作也告一段落，我匆匆收好记录表和笔记本，披着毛毯倚在舱壁，望向窗外，看光线一点点增强，仿佛再过上片刻，便能看见旭日东升。我们已经在幽暗深海里待了将近 10 小时，很快就要重新拥抱阳光，重新回到原来的世界中。

我默默地回想了一遍"傅立叶"三人组在海底作业的过程，大家配合默契，任务完成得非常顺利。

叶聪不愧是最了解"蛟龙"号的人。"蛟龙"号在采薇海山上"巡逻"时，他一直关注着周边地形，提醒傅文韬避免撞到海山。取样的时候，他一边叮嘱傅文韬不要太频繁地操作机械手，以免温度过高，一边提醒我将照相机避开机械手的位置，拍完照再让照相机复位。

傅文韬是此次下潜的主驾驶，非常有担当。在海底作业时，为了更好地操作"蛟龙"号爬升，控制机械手，他常常跪在主观察窗前。

尚未离开深海，我就已经开始怀念深海了，真希望能有机会再次下潜。

上浮的途中，母船指挥部通过水声通信系统跟我们保持联系，傅文韬汇报了"蛟龙"号的一些情况，包括深度、速度、电量、设备状态等，以让指挥部放心。这时，我看了一眼数据，距离海面只有50米了。

　　对"向阳红09"号母船来说，"蛟龙"号是它放手后让其独立行动的孩子。"儿行千里母担忧"，"蛟龙"号在深不可测的海底独立行动，它则在海面上一刻也不松懈地巡逻护航，随时迎接孩子的归来。

我们在水下可以跟母船实时联系，但经常因作业繁忙顾不上，所以没有重大事情或者特殊情况一般不主动联系。母船指挥部一直在会议室里盯着屏幕全程关注我们的作业过程，如果有什么问题会主动跟我们沟通。

大约在抛载 1 小时后，我们回到了海面，此时大概是下午4 点半。

"蛟龙"号浮出海面后，晃动得非常剧烈，跟从母船布放到海面时的感觉差不多，也不知道此时海面上是几级风浪。为了让自己更舒适一点，我赶紧躺下来。

也许是为了转移我的注意力，叶聪说来点音乐，傅文韬便用手机放了一首劲歌金曲，并随之哼唱起来。音乐节奏强劲有力，有种地动山摇之感，仿佛是在附和着海浪的节奏。好在我身体素质良好，听着听着也适应了。

在剧烈的颠簸中，我想起采样篮里我亲爱的珊瑚、海葵和各种地质样本，尤其是抛载上浮前最后一分钟里挖到的宝贝。我挣扎着想坐起来趴到观察窗前去看看采样篮，尝试了几次都没能成功。

我曾听说过采样篮设计还不甚完善时，因为某些样品实在太大，篮子装不下，也无法固定住，上浮到海面时不幸丢失了。

尽管现在采样篮已有了很完善的保护措施，我还是有点担心，尤其是在此刻，与母船近在咫尺。我担心巨大的海浪会不断冲击采样篮，把里面零零碎碎的样品席卷而去。

这种担心让我的心情比任何时候都要急切，期待着母船上的"蛙人"快点过来挂缆，让我们早点回到甲板。不知过了多久，耳边仍是快节奏的音乐，我们还在狭窄的载人舱里随海浪起伏。我开始懒懒地"哀号"："怎么还不来'救'我们啊？采样篮和样品会不会出问题啊？"

叶聪和傅文韬经验丰富，熟悉大海的脾气，也熟悉深潜器回收的过程，因而毫不在意颠簸，反而十分享受紧张工作中的片刻闲暇，从容地边听边唱，还时不时停下来安慰我。

他们的镇定果然有"传染性"，我的担心渐渐退去。看着他们放声歌唱，我突然想起古筝名曲《渔舟唱晚》来。如果把"蛟龙"号想象成渔舟，把外面的海面想象成平静的湖面，他们便是那载歌而归的渔人！

此刻的"蛟龙"号应该也是被一片蓝色的波涛和金色的阳光拥抱着的吧？它正等待着"向阳红09"号母船将它带回甲板上的"家"。

风浪是回收时的大敌。对迎着风浪进行挂缆作业的"蛙人"来说，母船下放的缆绳上一秒还触手可及，下一秒就可能因为

母船的起伏而突然飘飞。每一次抓住缆绳的时机都稍纵即逝，一次没抓住还可以等下一次，但没抓住的次数越多，"蛟龙"号被风浪卷走的可能性就越大。

在经过了 20 多分钟的颠簸后，我们突然被一股巨大的力量拉起，悬空了，晃动着，耀眼的阳光从观察窗照进来，真让人觉得亲切。

第十五章

6 桶水的洗礼

母船上的Ａ形架把"蛟龙"号吊起来后又慢慢往后甲板放。我透过观察窗向下望去，母船上人头攒动，十分热闹。片刻之后，"蛟龙"号已稳稳地落在了甲板上。

　　在我们的头顶上方，舱盖打开了，阳光照进来，舱内一下亮了，我们的心头也似乎突然被照亮。

　　水面维护团队的队友将直梯递下来，我们依次站起身，登上直梯出舱。坐在狭窄的载人舱里已经快10小时，就像坐了一趟长途汽车，腿部酸胀而疲软，但是重新呼吸到海面上的空气后，我顿感神清气爽。

　　此时是傍晚5点。

　　西太平洋一望无垠的水面上，闪烁着点点金色的阳光，充满诗意。我看得出了神，仿佛是第一次见到。尽管跟着中国大洋第 31 航次科考队在太平洋上航行了 51 天，近 1 万海里，但从没有哪一刻的阳光是如此温暖、如此浪漫，深深地击中了我的灵魂，我想自己这一辈子都不会忘记。

后甲板上站了很多人，跟晨曦中送我们出征时一样，仿佛他们这十几小时从未离开，就站在那里等我们平安归来。当我们依次从舱内出来时，人群中爆发出一阵阵欢呼声。他们是在庆祝"蛟龙"号又一次成功下潜，也是在祝贺我们平安归来。

受这种热烈气氛的感染，我使劲地向他们挥手，一时间百感交集，不知道说什么才好。从深海归来，分开不过大半天，却让人觉得像久别重逢，我想拥抱他们每一个人。

我沿着舷梯走下来，走到后甲板上，队友们早就把采样篮里的样品拿了出来，一边整理，一边拍照，忙得不亦乐乎。我正要过去问一直悬心的几个问题，记者杨理天越过人群，走到我面前，拉住我开始采访。我想起来，下午 1 点左右，就有记者通过水声通信系统希望连线采访，但当时我们正在作业就没有接受。此时，杨理天问的第一个问题就是我这会儿的心情怎样。从早上出发到此刻归来，差不多在深海待了 10 小时，岂是几句话就能说完的？千言万语一齐涌上喉头，最终浓缩成一连串兴奋的感慨："海底太壮观了，太震撼了，太神奇了！"

采访结束后，我找到负责从采样篮里卸下样品的董彦辉[①]副研究员，他高兴地祝贺我下潜顺利归来且收获颇丰，并向我展

---

① 董彦辉曾以科学家的身份，参与"蛟龙号"第 71 次下潜。

示了一组数据：8 升近底水样，11 块岩石，2 管沉积物，11 种生物样品如冷水珊瑚、海葵、海胆、海绵、海星、海蛇尾、寄居蟹等。我心里惦记的宝贝们，一个也没少。

其他队友看见我，指着样品给了我一个很有趣的评价："你这趟下潜就像一个'购物狂'闯进了正在打折的商场，看到什么都想加入购物车，恨不得把商场搬空。"

我在一字摆开的各类岩石样品中一眼看到了我最重要的宝贝——上浮前一分钟取到的岩石样品。我赶紧拿起来，对着光仔细观察了一分钟，它的颜色、结构和触感都在告诉我它的身份。

没错，我此前的判断是正确的，它就是玄武岩！我感慨万分，谁也没有料到，就在抛载前几分钟，幸运女神竟然眷顾了我们！

看着一件件样品，我感觉自己像一位巡视领土的国王，心中充满了成就感。我看到"丝袜海绵"，便向研究海洋生物学的队友介绍了在哪个水深处取到的，并向他请教这种生物的特性。

队友介绍说："这也是玻璃海绵中的一种，还有一个很浪漫的名字，叫偕老同穴海绵。"我听着名字，觉得有趣，就问："一只外形像长筒丝袜的海绵跟爱情怎么能扯上关系？为什么会起这么浪漫缠绵的名字呢？"队友耐心地为我做了科普："这种玻璃海绵事实上是俪虾的家。俪虾在体形比较小的时候可以轻松地从海绵的孔洞里进出，等它们成熟后找到自己的配偶，就与配偶一起住在海绵里，不再出来。它们的体形也会逐渐增长，最后无法穿过孔洞游出来，直到老死。你说这像不像爱情？所以，生物学家就根据《诗经》里的名句'执子之手，与子偕老''榖则异室，死则同穴'给这种海绵起了这个浪漫的名字。而住在海绵里的那对俪虾的孩子也会在这里开始新的生命轮回，从孔洞钻出去，寻找自己的归宿。"

这时，我听到有人高声喊我的名字，循声望去，原来是"蛟龙"号维护团队的一位队友，他拎着我熟悉的一个网兜走过来。你猜是什么？

原来是一网兜泡沫小玩具，正是我下潜前交给他，请他放在"蛟龙"号上的。

我打开一看，吃了一惊！这一网兜泡沫玩具全部干瘪了。

最大的那个小玩具有小熊图案，原先大约有20厘米，足有一本书大，而此刻只有5厘米左右了；一个原来杯盖大的圆形笑脸玩具，现在几乎只有纽扣那么大了。

你猜它们为什么会变成这副模样？

这都是深海压力带来的变化。我们下潜到2774米水深处，这一网兜玩具挂在"蛟龙"号外面跟着一起下潜，在深海经受了差不多相当于280个大气压的高压。

我还没有看完那一网兜泡沫玩具，就被几位队友拉着，来到每次举行首潜浇水仪式的地方。我被摁到座位上，紧接着就被一桶水从头浇到脚。人群里，掌声和笑声此起彼伏。没等我回过神来，又一桶水哗啦一声浇了下来，我那湿漉漉的长发瞬间全贴在了头皮上，软软的，像海带一样。我用手抹去脸上的水，开心地看着眼前每一张笑脸。很快，又有几桶水浇了下来，我一共接受了6大桶水的洗礼。

这样的场景我并不陌生，首次下潜的人归来后就会被带到这里，接受浇水祝贺。这个奇特的仪式是怎么来的？从什么时候开始的？我听过多种版本，但我更相信的版本是：这意味着潜航员或者科学家和水融为一体，下潜至深海，以水接风洗礼，是为了迎接他们平安归来。

浇水仪式上用的是什么水呢？通常是先浇5桶常温水，最后再浇1桶热水。这些水都是过滤后的海水，我们在船上的日常生活如洗漱、洗澡、洗衣、洗碗都离不开它。

有趣的是，为了活跃气氛，这个浇水仪式的创意也越来越多。大家除了在桶里装温水和热水，还经常恶作剧似的兑上醋或者啤酒，五花八门，带来了无限欢乐。

给首次下潜平安归来的英雄们浇水的通常是他们的队友，能被选上去浇水的队友往往感到很幸运：谁都想接住这份平安归来的好运，并且继续传递下去。

后 记

我为地球代言
—— 用岩石追寻地球演化的故事

唐立梅 / 文

《跟着科学家去探险：我在海底"爬山"》记录了我作为一名海洋地质科学家于 2013 年参加"蛟龙"号第 72 次深潜的经历和感受。我很高兴完成了这部适合儿童阅读的作品，这次科考以这样的方式回忆，我仿佛又一次下潜到了几千米的深海，兴奋难忘。

我研究的对象是岩石。岩石从哪儿来呢？地球是一个圈层结构，表面是坚硬的地壳，下面还有地幔、地核，用一个不是特别贴切的比喻，它们大致就像鸡蛋的蛋壳、蛋清和蛋黄一样。假如"蛋壳"裂一个缝的话，会有"蛋清"流出来，"蛋清"干了，就是岩石。

作为地质工作者，我需要采集可以作为研究样品（标本）的岩石。去哪里采集呢？去大森林行不行？不行，那儿没有新鲜的岩石露头。我们去的一般都是荒郊野外的无人区。

　　我们会携带前文提到的地质考察"三大件"：罗盘、地质锤、放大镜。罗盘用来辨别方向；地质锤除了敲石头之外，还可以做比例参照物；放大镜用来观察岩石标本，比如观察岩石基本的矿物组成和结构构造等。

地质锤

罗盘

放大镜

我在采样

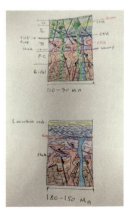

我在科考期间的手绘图

研究海洋地质，采集的岩石标本自然不是来自陆地，而是来自海洋，需要利用拖网、箱式取样器、重力柱状取样器、水下机器人或者载人深潜器等去深海里采，如洋中脊、海山和俯冲带等。我们可以用深海里的这些岩浆岩研究地壳、地幔的相互作用和物质循环。

"蛟龙"号试验性应用科考队合影（李英摄）

2013年，我有幸搭乘了我国第一代载人深潜器"蛟龙"号去西太平洋海底的采薇海山采集岩石样品。当时每个潜次必须有两名潜航员，主驾驶是傅文韬，副驾驶是叶聪，叶聪后来是我国万米级载人深潜器"奋斗者"号的总设计师。我作为下潜的科学家，要兼顾生物和地质两方面的采样任务。

我和叶聪（左）　　　　　　　　　　　我和傅文韬（右）

　　我们通过舱内的一个控制器来操作外面的大的仿生机械手完成取样。

白玫瑰海绵　　　　　　六腕海星　　　　　　海葵

粉色海参　　　　　　海星　　　　　　带刺海参

我们采集到的一部分生物样品

　　因为我只是兼职帮生物学家采样，所以并不清楚这些生物的真正学名，就和两位潜航员一起，用我们自己的方式给它们起了名字。比如：好几种玻璃海绵，像白玫瑰一样的，我们就叫它白玫瑰海绵；像水晶丝袜一样的，就叫丝袜海绵；还有半透明的、粉粉的海参，就叫粉色海参。

　　与此同时，我也要做好自己的本职工作——采集海山上的玄武岩样品。我们采集到的玄武岩，后来用于测定采薇海山的形成年代以及成因。

太平洋底的玄武岩

　　这四张图片，上面两张（a 和 b）是我在采薇海山采到的玄武岩样品。和陆地的样品相比，海底的样品非常不新鲜，蚀变很严重，看起来黑不溜秋的。下面两张（c 和 d）是它们在显微镜下的样子，能看到有些斜长石和辉石。

后来我又拿到了西太平洋雅浦海沟的地幔橄榄岩、辉长岩和玄武岩样品。通过分析它们的岩石地球化学同位素以及区域构造，我们提出了雅浦海沟的区域构造演化模式。

来自地幔的橄榄岩

海洋里有丰富的矿产资源和生物基因资源，这也是吸引人类去海洋探索的一个重要原因。

海洋不同区域分布着不同类型的矿产资源。海山的表面有富钴结壳。海盆里有锰结核和稀土资源，是未来最容易开采的资源。它们像土豆一样密密麻麻地分布在海盆里，只要把它们聚集起来打成矿浆，打成小的颗粒，像珍珠奶茶一样，就可以用深海采矿机的混输系统吸上来。不过开采首先要考虑对环境的影响，必须通过环境评估分析之后才可能真正开采。洋中脊的热液区有多金属硫化物资源，还有神奇的热液生态系统——黑暗食物链，非常神奇。

到海里"玩"了一圈之后，我回到了陆地，之后又去了遥远的南极大陆采集岩石样品。2017 年 11 月到 2018 年 4 月，我搭乘"雪龙"号参加了中国第 34 次南极科学考察。

与"蛟龙"号比起来，"雪龙"号的条件好太多了，它上下共有 9 层，还有篮球场、游泳池和实验室等。我们搭乘"雪龙"号去了南极的难言岛（也叫恩克斯堡岛），当时这里正在建设我

中国第34次南极科考队合影（郭松峤摄）

141

国的第 3 个南极常年考察站：罗斯海新站（后来叫秦岭站）。

难言岛的环境非常恶劣，有很强的地吹雪，风吹动浮雪，像流沙一样铺天盖地而来，每行走一步都很艰难。我在这个岛上也进行了野外地质考察——南极大陆虽然覆盖着厚厚的冰雪，但也有岩石露头。

在难言岛上，有大量因冰川运动而形成的碎石，远远看去，就像一片碎石滩。我和队友踩着那些有点硌脚的碎石走了很远，才来到一座小山的山脚下，接着又开始艰难地爬山，去寻找岩石样品。

我在难言岛上

在南极爬山是怎样的体验呢？真的是"爬"山，要手脚并用，像壁虎一样爬。有人说，地上这么多石头，随便捡一块不就行了吗？干吗非得爬山上去采集岩石呢？因为地上这些鹅卵石、滚石、砾石都不是我要的，我要的是山上那些原位的岩石。

我在南极"爬"山

为了更好地保护南极的环境，科考过程中有严格的管理规定。在南极科考队中流传着这样一句话："除了脚印，不留下任何东西；除了记忆，不带走任何东西。"在南极，如果你没有采样证，就连一块石头也不能带走。当时我是唯一一个持有合格采样证的科考队员，其他科考队员都很羡慕我，说："你能不能帮我带点漂亮的石头回来？"我说："我对漂亮的不感兴趣，我需要的是原位的石头，这样才能用来做研究。"

南极的紫外线很强，我们外出时，都要把自己"全副武装"起来，完全看不到脸。

我把自己"全副武装"起来

企鹅来"探班"

在考察过程中，还经常会有企鹅过来"探班"。虽然《南极条约》规定人类不可以主动靠近企鹅，要保持一定距离，但它们对人类没有戒心，经常主动向我们走近，非常可爱，考察过程还是挺温馨的。

野外地质考察、研究样品、检阅文献、综合绘制难言岛区域的地质图，这是我们最基础的工作。我们还要标明样品的采样点，让其他科研人员知道它们是在哪里采集到的，然后分析里面的锆石。

为什么要分析锆石？在地质学中，科学家们利用锆石来精确定年。锆石就像一把时间的"尺子"，可以测算出岩石形成的时间。

46亿年的地球，演化过程很漫长，每个阶段、每个区域都有科学家在追踪、在研究。每个人都有自己的研究区域，一个人或者一个团队不可能跑遍全球。我们最终要综合所有人的研究成果，还原一个完整的、相对精确的地球46亿年的演化史。

地球的演化跟生命的诞生以及生物的进化息息相关，历史上5次生物大灭绝很可能跟地球深部的运动以及外来小行星的撞击有关系，我们想还原的就是这样一个地球演化以及生命演化的过程。

作为地质科研工作者，我们可以看到常人难见的美景。在

太平洋的彩虹下（付毅飞摄）

海豹来看"雪龙"号

太平洋上，我看到过双彩虹，看到过漫天的繁星，还有日升日落、月升月落。在南极，我看到过极光、企鹅、海豹、南极鳞、贼鸥，还有鲸——当时在罗斯海海域，就在我们船尾几米的地方，可以很清晰地看到鲸喷水。

我们更是地球的"代言人"，通过解析岩石里的信息来讲述地球的故事。从事地质工作，视野会变得更宏大，要知道，我们动不动就是讨论几十亿年以来的事情。希望感兴趣的你也能"入坑"。

现在，我们也提倡跳出地球的圈子看地球，从太阳系、银河系的范畴来讨论地球的演化。太阳系围绕银河系中心的黑洞旋转一圈约 2.5 亿年，跟地球板块裂解和聚合的周期是相符的。未来会出现行星地质学、空间地质学乃至星系地质学这些新方向，欢迎你关注，我们共同研究。

再次感谢中国大洋第 31 航次科考队、中国第 34 次南极科考队以及所有为我提供帮助的队友们。

术语表

（按拼音首字母排列）

玻璃海绵：海绵中的一种，因全身由硅质丝联合成网格状骨骼，形似玻璃而得名。

底栖生物：栖息于海洋或内陆水域底内或底表的生物，是水生生物中的一个重要生态类型。固着生物也是底栖生物。

地质勘查：对岩石、地层、构造、矿产、水文、地貌等地质情况进行调查研究。

发光生物：海洋里能发出可见光的生物，种类很多，从发光细菌、发光单细胞藻、原生动物到鱼类，几乎每一门类都有发光种类。从 200 米到 1000 米深处捕获的鱼，90% 以上会发光。

富钴结壳：生长在海底岩石或岩屑表面的铁锰氧化物，因富含钴而得名，一般形成于水深 1000 米至 3000 米的平顶海山。

固着生物：又称水生附着生物，指附着在水底或水下其他物体表面的植物和动物，很少移动。海绵、海葵、海百合、珊瑚等都是固着生物。

海百合：一种固着在海底或其他物体上的无脊椎动物，长得像百合，由冠、茎、根三部分组成，冠部又分为萼和腕。海百合利用腕像风车一样迎着水流，捕捉海水中的小动物。

海胆：一种棘皮动物，形状多样，有球形、半球形、心形和盘形。

海葵：看起来很像植物，但其实是一种非常原始的刺胞动物。没有大脑，颜色多种多样，大多附着在海底岩石或其他物体上，极少移动。

海绵：一种非常古老、原始的多细胞动物，没有真正的组织和器官。2024 年，中国科学家发现了距今约 5.5 亿年的海绵化石。

海山：又称海底山，指海底具有一定高度（超过 100 米）但仍未突出海平面的隆起，深海的主要生态景观之一，是海底的花园、大洋迁徙动物的驿站和海洋生物的避难所。

海参：一种棘皮动物，身体大多为圆柱形，背上大多长有肉刺。

海星：一种棘皮动物，身体扁平，很像星星。海星通常有五个腕，呈辐射状，因此身体没有前后之分，随时都能朝任一方向移动。

海雪：由各种有机物的碎屑混合而成，像雪花一样在海洋里不断飘落。

机械手：一种工业机器人，能模仿人手臂的某些动作，按固定程序抓取、搬运物件或操作工具。除了深海考察，其他行业也会用到机械手，如航天、医疗等。

寄居蟹：外形介于虾和蟹之间，多数寄居于螺壳内，也有一些和海葵共生。

"蛟龙"号：我国第一代自行设计的载人深潜器，最大下潜深度为 7062 米。在"蛟龙"号之后，我国又设计了两代载人深潜器：第二代"深海勇士"号，最大下潜深度为 4534 米，多次用于深海考古；第三代"奋斗者"号，最大下潜深度为 10909 米，是中国第一台万米级载人深潜器。

磷块岩：指含有大量磷酸盐类矿物的沉积岩。

潜航员：驾驶载人深潜器进行海底作业的人。我国于 2006 年开始自主培养潜航员，选拔过程非常严格，不亚于航天员：除了身体素质要过关，拥有良好的体能，能适应海上的大风大浪以及深海幽闭的工作环境，还需要有优秀的沟通能力、分析问题能力、理解能力、抗压能力、应变能力和合作精神，以及超乎常人的敏捷和细心。

潜水器：进行水下观察和采样、打捞等作业的潜水装置，用来研究水下环境，调查、开发海洋资源。潜水器有固定式和移动式两种，移动式又分为载人潜水器和遥控潜水器（如水下机器人）。能潜入深海的潜水器叫深潜器。

热液：也被称作"热泉"，本书中指海底热液，即从海底裂隙喷出的气液混合体。喷发的热泉如同烟囱状，分白烟囱和黑烟囱两种，前者主要含碳酸盐矿物，后者以硫化物为主。

珊瑚：一种腔肠动物，分为冷水珊瑚、暖水珊瑚两种。暖水珊瑚主要生活在温暖的浅水里，一般分布在温度高于20℃的赤道及其附近的热带、亚热带地区。暖水珊瑚一般有虫黄藻与之共生，主要依靠体内虫黄藻的光合作用为其提供营养来源。冷水珊瑚主要生活在4℃到12℃的冷水里，基本上都是缺光或无光的深海环境，不需要与藻类共生，主要以水中的浮游生物以及浅水层沉降下去的有机质为食。

西太平洋中国富钴结壳勘探矿区：中国大洋协会于2013年获得的一块专属勘探矿区。

玄武岩：由火山喷发出的岩浆在地表冷却后凝固而成的一种岩石，属于岩浆岩。